国家奶牛产业技术体系项目(CARS 37)、河北省科技
支撑计划项目(11230405D)资助出版

# 奶牛场 DHI 测定与应用指导

主　编

李　英

副主编

孙凤莉　马亚宾

编著者

马亚宾　孙凤莉　安永福　刘荣昌

李　英　李　茜　李建明　杨晨东

蒋桂娥　墨锋涛

U0244551

金盾出版社

## 内 容 提 要

本书由河北省畜牧兽医研究所李英研究员主编,内容包括:概述、DHI记录与取样、奶牛生产性能测定软件及相关信息化管理、DHI报告的分析、DHI报告的形式、DHI报告应用指导实例、DHI信息扩展应用、DHI测定工作的组织共8章。本书集DHI组织、测定、报告分析、生产指导于一体,内容新颖,技术先进,实用性强,是目前指导DHI测定与应用方面较系统、全面的著作。本书不但可用以指导基层生产技术人员,同时对科研人员、大专院校师生有重要的参考价值。

**图书在版编目(CIP)数据**

奶牛场 DHI 测定与应用指导/李英主编 . -- 北京 : 金盾出版社,2013.4
 ISBN 978-7-5082-8054-7

Ⅰ.①奶…  Ⅱ.①李…  Ⅲ.①乳牛—动物遗传学--研究
Ⅳ.①S823.92

中国版本图书馆 CIP 数据核字(2012)第 305308 号

**金盾出版社出版、总发行**
北京太平路 5 号(地铁万寿路站往南)
邮政编码:100036  电话:68214039  83219215
传真:68276683  网址:www.jdcbs.cn
封面印刷:北京印刷一厂
正文印刷:双峰印刷装订有限公司
装订:双峰印刷装订有限公司
各地新华书店经销
开本:850×1168 1/32  印张:7.5  字数:180 千字
2013 年 4 月第 1 版第 1 次印刷
印数:1~8 000 册  定价:15.00 元

# 前　　言

自从 2008 年"三聚氰胺"事件后,我国奶业经过强化治理整顿,已进入从数量扩张向整体优化转变的关键时期。2011 年全国牛奶产量 3 656 万吨,乳品加工业销售额已突破 2 000 亿元,利润总额达到 124.07 亿元。

但是我国奶业起步晚、基础差,很难做到"毕其功于一役"。近年相继出现的奶牛 A 型口蹄疫事件、品牌奶粉事件及世界金融危机对国内经济影响、国内乳品市场消费不振等,使我国奶业不断显现新的危机和困境。特别是 2011 年随着饲料价格上涨、人工支出加大、运输开支上升,使奶牛养殖成本大幅度提高,而生鲜奶收购价格一路走低,导致奶农经济收益明显下降。造成这种状况还有一项重要原因,就是目前我国相当一部分奶牛场(小区)养殖技术水平较低,经营管理水平落后,致使饲养方式粗放,奶牛单产水平低,奶牛利用年限低,鲜奶质量不高,必然导致成本居高不下,收入下降,处于无利或微利状态。

为了保障我国奶业健康稳固发展,除了政府宏观调控、政策扶持、理顺产业链外,奶牛养殖场(小区)必须加强技术更新、完善管理,尽快实现场(小区)生产和经营管理的提档升级。DHI(牛群改良计划)就是一项被国内外实践证明的亟待推广应用的新技术。通过定期测试奶牛多项指标,得出相关数据。同时收集奶牛群体的有关资料,结合每头奶牛的产犊日、胎次、年龄、日单产、牛舍编号等基础数据,形成数据化的信息报告。据此,分析提出奶牛场的饲养管理和经营改进措施与建议,科学地选种选配,平衡饲料配方,有效地防治乳房炎,合理地淘汰牛只,确定适宜的饲养管理方法,以提高奶牛生产性能和经济效益。

为了提高我国奶牛产业化技术水平,财政部、农业部自2007年就启动了"现代化农业产业化技术体系工程建设"项目。在奶牛产业化技术体系中,设立了国家奶牛体系综合试验站(保定),建设单位为河北省畜牧兽医研究所。通过有计划地推广应用DHI技术,在提高奶牛群遗传品质、生鲜奶产量、质量和奶牛场(小区)的经济效益中发挥了重要作用[现代农业(奶牛)产业技术体系建设专项资金资助(CARS-37)]。

目前,国内尚未见到专门具体指导奶牛场(小区)技术人员依据DHI报告,通过分析、应用,为奶牛场(小区)饲养管理和经营提供决策依据,进行有序、高效生产管理的技术书籍。为此,河北省畜牧兽医研究所和河北省畜牧良种工作站DHI中心技术人员,结合我们承担的"国家奶牛产业化技术体系建设"项目研究成果和多年示范推广实践经验,参考国内近年相关新资料,编著了《奶牛场DHI测定与应用指导》一书。本书立足生产实践,对奶牛DHI测定和奶牛场利用DHI报告如何具体指导生产的技术做了较全面的介绍。这本书的亮点在于能使没有参加DHI测定的场,对DHI有较全面的认识和了解,知道其主要用途和益处;对于已经参加测定的奶牛场,知道如何对奶牛场进行管理,最终达到什么目的。

在完成本国家重大科技项目及编著本书过程中,有诸多专家教授、市县基层技术人员提出了宝贵的建议,一些奶牛场(小区)技术人员提出了很好的补充修改意见,在此一并致谢。

由于这项新技术的示范应用与推广尚待完善、系统,限于笔者水平,书中不妥之处,敬请同行和广大读者批评指正。

编 著 者

# 目　录

# 第一章　概　　述

近年来我国奶业生产稳步增长,2011 年全国牛奶产量 3 656 万吨,乳品加工业销售额已突破 2 000 亿元,利润总额达到 124.07 亿元。但是目前我国人均奶类消费仅为 15.8 千克,明显低于世界水平。随着我国经济持续发展和居民收入的稳步增长,人们的饮食习惯不断改变,市场对乳品的需求仍是增长趋势,到 2020 年全国人均乳制品消费将增至 40 千克,必将进一步刺激奶业的持续发展。目前为提高牛奶产量和质量,改变我国牛奶数量型增长模式,除采取扩大良种奶牛群、完善配套服务体系、加强饲料饲草基地建设、壮大加工龙头企业等措施外,还要充分推广应用国内外先进生产管理技术,进一步提高奶牛养殖的效益。

DHI 是奶业发达国家和地区长期以来应用的一项成功的牛群改良技术,被公认为"牛群改良唯一有效的方法"。一个奶牛场(小区)根据系统的 DHI 报告,可以追踪牛只表现,科学地选种选配,平衡饲料配方,有效地防治乳房炎,合理地淘汰牛只,确定适宜的饲养管理方法,以提高奶牛生产性能。近年来我国已经有计划地进行了推广应用,在提高奶牛群遗传品质、生鲜乳产量和质量以及奶牛场(小区)经济效益等方面,其重要性逐渐显现。

## 一、奶牛生产性能测定(DHI)的概念

DHI 是英文 dairy herd improvement 的缩写,DHI 在国外直译为奶牛群体遗传改良计划,到中国后由中国 DHI 专家顾问、加拿大 AILON. 毛先生于 2007 年全国 DHI 培训会正式向全国畜

牧总站和中国奶协建议更名为奶牛生产性能测定。在 2008 年,中国农业大学的育种专家张沅教授提出中国的 2008 年至 2020 年奶牛群体遗传改良计划,即中国的 DHI。

DHI 是一套完整的奶牛生产记录体系。DHI 中心通过定期测试牛奶中乳脂率、乳蛋白率、体细胞等多项指标,得出相关数据。同时收集奶牛群体和个体的系谱档案等相关资料,结合每头奶牛的产犊日、胎次、年龄、日单产、牛舍编号等基础数据,利用计算机技术,分析形成能反映奶牛场配种、繁殖、饲养、疾病、生产性能等情况的数字化的 DHI 报告。据此,为奶牛场的饲养管理和经营提供系统、完整、科学的改进措施与建议。

也就是说,根据 DHI 报告,可以为奶牛场(小区)饲养管理和经营提供决策依据,进行有序、高效的生产管理。例如发现优良的奶牛个体,选留其优良后代,加快奶牛遗传进展;淘汰生产性能低或有遗传缺陷的牛、不挣钱的牛;分析各类营养的平衡关系,以调整饲料配方和优化饲喂程序,提高单产;监测、控制体细胞数,提高牛奶质量等。这样,可以有效地提高奶牛场(小区)生产水平和管理水平,降低生产成本,使牛群发挥最大的生产潜力,从而促进奶牛场经济效益的提高和管理水平的提高。

严格来讲,DHI 测定也并不完全等同于奶牛生产性能测定,后者只是对牛群中的部分个体进行生产性能指标测定,主要有产奶量、乳脂率、乳蛋白率、乳糖、干物质、体细胞数等,这些都是 DHI 测定的核心基础工作。由此可见,DHI 测定涵盖内容更广、实用性更强。

DHI 测定是奶牛育种的关键性的基础工作,是种牛个体遗传评定和群体遗传分析的基础。测定的对象主要是:与奶牛群体遗传改良措施有关的母牛;高产核心群中的母牛,即种子母牛、公牛母亲;公牛后裔测定的女儿牛;养牛者需要进行生产检测和咨询的母牛。

DHI 技术的推广应用可以显著提升奶牛生鲜乳质量安全和奶牛生产的标准化技术水平,带动全国奶业标准化生产和和协调全行业的产业化经营,促进奶业的全面、稳步发展。

# 二、奶牛场开展 DHI 的目的和作用

## (一)开展 DHI 的目的和意义

开展 DHI 的目的和意义主要有两个方面:一是作为牛群生产分析和改进饲养管理的依据,为奶牛场(小区)提供科学可靠的生产管理数据,使牧场实现数据化管理。通过优化管理,提高牛群改良程度、改善饲养管理等,充分挖掘其潜在经济效益;二是作为种牛个体遗传评定和群体遗传分析的基础,为政府或育种组织评估牛群生产水平、评定青年公牛和制订育种方案提供全面的、数据化的、可靠的生产一线数据。

长期以来,我国牛奶生产和奶牛育种工作中进行的个体牛只产量的记录和抽取牛奶样本进行乳成分的分析工作,多是由奶牛场自行取样、分析,各项数据资料的可靠性差。同时由于受到牛场测定条件的限制,测定项目单一,只做乳脂率,根本无法满足育种和牛奶生产工作的需要。所以有计划地推广应用该项技术,会有效地改进奶牛场管理和整体育种工作。

## (二)奶牛场(小区)开展 DHI 的作用

**1. 促进奶牛场先进技术普及应用并提高管理水平** 一个完整的 DHI 报告可提供奶牛的泌乳天数、产奶量、乳脂率、乳蛋白率、体细胞数等 20 多项生产指标的数字化信息资料及数据分析预警信息。奶牛场管理者从每份 DHI 测定报告中均可获得奶牛群

体与个体两层面的信息,用以指导牛场的生产,有依据地采用先进技术来合理平衡奶牛日粮,制定奶牛个体的选种选配计划等。我国奶牛规模化饲养与产业化生产起步晚、基础差,多数奶牛场(小区)饲养管理和经营理念陈旧,水平很低,常常凭经验、"跟着感觉走"。通过 DHI 测定数据的应用,显现了奶牛场"能度量,才能管理;能管理,才能改进"的作用。使奶牛场经营者真正由"靠经验管理奶牛场"的旧理念转变为"靠科学管理奶牛场"的先进理念,走出近几年"养奶牛不赚钱"的困局。据陕西关中地区调研分析,实施 DHI 测定的规模化奶牛场,情期受胎率达 56.7%,犊牛成活率达 93.4%,分别比未实施的小区、专业村养殖,平均提高 3 个百分点。母犊初生重 36.5 千克,母牛 305 天产奶量 6 617 千克,提高 5%以上。

**2. 有效指导奶牛群选种选配工作**　实施 DHI 测定,使牛只系谱、生产性能记录得以不断完善,为奶牛场育种工作提供了基础保证。可以依据牛只生产性能的高低、乳脂、乳蛋白水平等,对个体牛和牛群的遗传性能进行综合评定,明确现有牛群和个体牛遗传进展情况,找出奶牛育种和生产管理上的问题。进一步结合线性鉴定结果等信息,确定牛群改良方向。DHI 的实施使奶牛的选种选配有了准确、可靠的依据,从而通过改良个体的种质,提高后代的质量,逐步实现目标选配,使牛群的生产性能不断得到改善提高。

据江浙沪地区 2008 年至 2010 年参加 DHI 测定的 76 个牧场 6 764 头头胎牛体型外貌线性鉴定数据对比,奶牛育种改良取得了很显著的效果,尤其是蹄踵深度和前乳房附着两个描述性状,大大推动了奶牛育种的健康发展。蹄踵深度直接关系到奶牛的蹄健康,影响奶牛的运动能力,近几年该性状同比提高 44.7%,很大幅度减少蹄后部损伤、蹄感染及炎症的概率,减少因蹄病发生的淘汰率,提高了牛只的利用年限。前乳房附着性状得分增长 14.8%,

提高了前乳房的泌乳量和健康指数,减少乳房下垂及机械损伤的概率,促进乳房的健康发展。同时,可以看出江浙沪大部分奶牛场头胎牛的体型外貌存在缺陷,表现不好的几大部位分别为泌乳系统及乳用特征,最主要的缺陷是乳房质地。DHI 测定数据是牧场生产性能的度量工具,外貌鉴定是提供体型的数据分析,分析双方面的数据可以进行科学管理。因此,江浙沪地区的奶牛需要进一步选种选配以保障奶牛健康,延长利用年限,充分发挥其产奶性能,最大限度提高牛群质量。

**3. 促进日粮结构改进** DHI 中心独立于奶牛场和乳品加工企业,是第三方单位,其测定结果公平、公正、权威,值得信赖。通过持续关注、分析测定报告,能够及时对牛群做出科学合理的分群,有效调控奶牛营养水平,依据 DHI 的脂蛋比等多项测定和分析结果,可以更加精确地调整日粮的结构,使奶牛的阶段饲养日粮结构调整更趋于合理。

**4. 提高奶牛保健水平** 传统的奶牛场兽医工作只是停留在有病治病阶段,有了 DHI 报告则兽医工作前瞻性明显,对于 DHI 报告中产量下降幅度大的牛只及时寻找原因,逐头对待做到早发现早治疗,同时降低了治疗费用,减少了牛只的被动淘汰。因为通过 DHI 测定,可以了解乳成分和体细胞的变化,并能及早地了解、判断奶牛是否患有乳房炎、慢性酸中毒、酮病等,及时采取措施改善奶牛繁殖状况、瘤胃状况等,从而降低牛群一些普通病的发生。如在乳房炎防治中,可以持续跟踪乳中体细胞数高于 50 万个/毫升的奶牛,应用体细胞跟踪报告,有效预防临床乳房炎的发生。这样,还能在日常的管理上使奶牛场更加提高和注重对奶牛的保健意识,防患于未然。

**5. 提高原料奶质量,增强市场竞争力** 利用 DHI 报告,可以有针对性地及时采取措施,改善奶牛饲养管理,不断提高原料奶质量。据陕西省三原县报道,该县鑫牧农业公司等奶牛养殖企业自

2009 年起参加 DHI 测定工作以来,依据 DHI 报告正确和及时的指导,不断调整技术实施方案。如在营养调控中,注重能氮平衡,提高牛奶乳脂、乳蛋白,降低尿素氮;在乳品质量控制方面,着力解决了奶牛场环境卫生、修建奶牛卧床、加强挤奶环节的卫生管理,连续跟踪乳中体细胞数大于 50 万个/毫升的牛只。这些措施的实施,对提高牛奶质量起到了立竿见影的效果。相关奶牛场的乳脂率、乳蛋白率、体细胞数平均保持在 3.6%、3.05%、25 万～30 万个/毫升,生鲜奶的质量有了明显的提高和改善,成为乳品加工企业稳定的原料奶供应基地。奶价高于县内平均奶价 20% 以上,真正实现了优质优价。

**6. 提高奶牛养殖效益**　通过综合运用生产性能测定报告采取措施,若使体细胞数降到 40 万个/毫升以下水平,每头牛平均每天可减少奶损失 0.4 千克,仅此一项年可增加产奶约 120 千克,以每千克奶 3 元计算,可增加效益 360 元。与此同时,大大减少乳房炎治疗费用,降低牛只淘汰率;科学管理牛群,最低可以增加 1 千克高峰奶,平均每头牛 1 年可增加 250 千克产奶量。扣除增奶成本约 375 元,可增加效益 375 元。以上合计,正常情况下参加生产性能测定,每年可增加收入 735 元左右,扣除测定费用 50 元,每头牛年增收 685 元。投入产出比为 1∶13.7。

**7. 利于实现奶牛场数据化管理的目标**　根据《中国荷斯坦奶牛生产性能测定技术规程》,DHI 中心对于参加测定的奶牛个体有非常明确的要求。首先,按照中国奶协牛只个体编号规则编排,场内管理号为标准的 6 位编号,其前 2 位为年度的后 2 位,其余 4 位可以代表奶牛场的个性数字信息。其次,制定了严格的奶牛配种、妊娠、干奶、流产、淘汰、分娩等记录信息表格,从而实现了奶牛场头胎奶牛个体资料完善而详细,经产牛、异动牛、干奶牛、淘汰牛等信息翔实、准确、可追溯性强。同时,对奶牛个体产奶量的计量、挤奶取样方式等提出具体而可行的方案。因此,DHI 的测定进一步规范奶牛生产的各种数据信息,促进了奶牛场的生产记录体系更加完善。同时,为今后进一步实现奶牛养殖生产数字化、自动化奠定了基础。

**8. 有助于提高企业生产科技含量,培养出优秀的管理人员**

DHI 报告是奶牛场一系列生产管理报告的集合,关键体现在管理上,利用奶牛场数字化的信息,提示管理中的不足与漏洞,从而实现亡羊补牢。分析研究 DHI 报告就是分析研究牛群,因此通过DHI 技术的实施,奶牛场科技人员得到了普遍培训。技术人员和管理者在解读 DHI 报告、查找问题、解决问题的过程中,知识水平和管理能力得到不断提高。奶牛场管理者逐渐形成了围绕这些信息进行有序、高效的生产管理的习惯,陆续培养出大批会技术、懂管理的管理者和技术人员,促进了各场管理和技术水平的提档升级。

# 三、国内外奶牛 DHI 概况

## (一)国外奶牛 DHI 概况

DHI 测定最早出现在 1906 年的欧洲,后来美国乳企为了杜绝奶农掺假引进美国,从而建立了牛奶记录体系。经过 100 多年不断应用完善,已经逐步演变为综合的牛场管理方案,旨在为奶农提供全面的牛场管理信息。早在 1953 年,美国、加拿大就正式启动了"牛群遗传改良计划",即奶牛生产性能测定。此后世界上其他奶牛业发达国家如荷兰、瑞典、日本等也都开始重视 DHI 测定工作,相继成立了相应组织负责 DHI 的实施。

在奶业发达国家,参加 DHI 测定的牛群比例都很大,如德国用立法的形式实现了 100%测试,以色列全国奶牛都参加测定,丹麦参测奶牛占成年母牛的 92%,瑞典占 85%,荷兰占 84.5%,加拿大占 65.8%,美国 900 多万头成年母牛近 45% 的奶牛参测。通过应用这一技术体系为奶农提供指导,使奶牛群的生产水平显著提高。一般在奶牛单产水平低的国家,参加 DHI 测定的奶牛 305 天平均产奶量比没参加的高 2 吨以上,而且为育种工作创造了良好条件,实现了牛奶数量、质量和奶业效益的同步提高。

20 世纪 50 年代初,美国、加拿大的奶牛平均生产水平不足 5 吨,经过半个世纪的努力,两国拥有了世界上最好的奶牛群,目前单产均已超过 9 吨。美国 20 世纪 60 年代拥有奶牛 1 800 万头,产奶总量 3 150 万吨,而 2011 年泌乳牛存栏 920 万头,全年产奶量为 8 898.6 万吨,40 年来,奶牛减少 1/2,产奶量却增加了 1.8 倍。据美国农业部(USDA)预测,2012 年美国的牛奶产量将达到 9 003.8 万吨。

## (二)国内奶牛 DHI 概况

**1. 工作历程** 奶牛生产性能测定在我国起步较晚。1992 年天津借助"中日奶业技术合作项目"的实施,开始启动奶牛生产性能测定。1995 年中国—加拿大奶牛综合育种项目在上海、北京、西安、杭州等地实施,奶牛生产性能测定技术才逐步得以推广。2006 年北京、上海、天津、山东、黑龙江、河北、内蒙古和宁夏八个省、市、自治区根据农业部下达的"畜禽良种补贴项目资金的通知"精神,第一批有计划、成规模地开始了奶牛生产性能测定工作。

2007 年,为统一奶牛生产性能测定数据报送格式以及尽快解决数据应用等方面的问题,中国奶业协会组织实施了中国奶牛生产性能测定数据处理系统的建设项目。在国内首创应用 windows 系统下的嵌入式程序软件,通过可视化操作对奶牛生产性能测定数据和育种、饲养等信息进行科学管理。从奶牛个体的基础系谱数据、生产性能测定数据到群体数据的分析,详细地反映了牛只的个体和群体的繁殖配种、饲养管理、乳房保健及疾病防治等月度变化情况,可为牛场提供全方位的报告,并可根据实际需要定制管理分析报告。同年,农业部发布了《中国荷斯坦牛生产性能测定技术规程》(NY/T 1450—2007),并自 2007 年 12 月 1 日实施。通过奶牛场及各奶牛生产性能测定中心(实验室)推广应用,实现了对国内奶牛生产性能测定数据的有效管理、分析,并指导养殖者科学管理牛群,提高管理水平和经济效益,促进了我国奶牛生产性能测定工作的日臻完善。为了保证全国各实验室测定的公平、公正、权威,2007 年,全国畜牧总站依托北京奶牛中心建立全国 DHI 标准物质实验室,开始制作标样,对全国的 DHI 实验室测定进行统一标定,同时对结果进行监控,2008 年,全国畜牧总站开始筹备全国 DHI 标准物质实验室,2011 年最终完成 DHI 标准物质的第三方制作,实现了全国畜牧总站对国内 23 家 DHI 实验室的测定结果监管。

**2. 当前工作进展** 近年来,DHI 工作已经成为促进我国奶业由数量向质量、由传统向现代转型的一项重要的基础工作。2011 年全国经过认定的奶牛生产性能测定中心(实验室)23 个,参测牛场 1 054 个,参测奶牛头数 46.7 万头,提供 DHI 报告累计 100 余万份。据中国奶业协会对 2008—2011 年持续参加测定的 560 个参测奶牛场的 49.3 万头奶牛的测定日数据分析,测定日平均产奶量由 22.14 千克增加到 24.83 千克,乳蛋白率由 3.26% 增加到3.28%,体细胞数由每毫升 66.1 万个降低到 42.1 万个。每头牛胎次产量平均达到 7.5 吨,较 2008 年增加近 820 千克,按市场平均牛奶价格 3 元/千克计算,每头牛可增加直接经济效益达 2 460元。按照 49 万头参测牛计算,直接经济效益增加了 12 亿元。

同时,在 DHI 工作的基础上,建立了专业数据平台。截止2011 年底,完成了多项数据的收集、整理和分析工作,建立和完善了中国荷斯坦牛品种登记、生产性能测定、体型外貌鉴定、奶牛繁殖记录及公牛育种值等多个专业数据库。目前中心共存储各类数据1 600余万条,利用这些数据累计为国家评定了1 000余头有后裔测定成绩的优秀种公牛,促进了我国奶牛育种工作的持续发展。

河北省自2006年开始奶牛生产性能测定工作,逐步扩展到奶牛品种登记、线性鉴定、良种登记、种公牛后裔测定,并参加了国家奶牛群体遗传改良的综合性测定。特别是2008年至2012年,"中国荷斯坦牛育种平台系统"在河北省范围实施,成效极其显著。应用该系统的奶牛场累计达到610个,应用奶牛17.7万头,使用中国奶牛生产性能测试软件出具奶牛管理报告17.7万份;应用育种平台系统做奶牛选种选配方案14.5万份,验证公牛778头,推广使用青年公牛精液3.35万支,收集验证公牛数据155.4万条。

该省几年来,利用奶牛生产性能测定报告,指导奶牛场的生产管理,有效地推进了奶牛场现代化、规范化、集约化、标准化建设。目前一些奶牛场经过改进,布局日趋合理,逐步实现了净污道分离、牛舍地面硬化等;基础设施普遍提高,如采用卧床、自动恒温饮用水、TMR机械、安装奶厅流量计等。由于饲喂技术、牛场环境、挤奶设施等一系列生产环节的改进和改善,使前胃弛缓、变位等奶牛常见代谢性疾病明显减少,乳房炎的发病率降低。同时,明显提高了原奶产量、质量和风味。

河北省参测奶牛2012年与2008年相比,奶牛平均群体305天产奶量达到7 240千克,较5 221千克,提高了2 019千克;乳脂率由3.61%提高到3.74%;乳蛋白率由2.95%提高到3.04%;体细胞数由88万个/毫升降低到51万个/毫升;乳尿素氮由18.5毫克/100毫升下降为16.2毫克/100毫升;每千克牛奶直接生产成本由2.3元下降为2.05元。因此,每头奶牛年新增纯收益达到2 586.8元,全省参测的17.7万头奶牛新增纯收益4.58亿元。

总之,国内DHI工作的实施提高了相关奶牛场的整体管理水平,奶牛养殖效率提高,奶农收入增加,促进了全国奶牛养殖业逐步由数量扩张型到质量效益型转变。在稳定产量的前提下,减少了饲养头数,降低了对环境的压力,有利于奶业的可持续发展。同时,逐步建立起了我国自主的奶牛育种和管理系统,为培育高质量的种牛,提高奶牛的整体生产水平打下了基础。

该项工作正在国内进一步推进,目前国家投资 1 000 余万元建设的全国奶牛生产性能测定标准物质制备实验室已投入使用。生产的 DHI 标准物质经一系列实验和 5 个月的试用,证明产品质量稳定、可靠,校准效果好,起到了在全国 DHI 测定中统一"标尺"的作用。全国畜牧总站和中国奶业协会正在积极进行"DHI 标准物质盲样检测及管理系统"网络平台建设,将盲样检测和管理工作纳入 DHI 数据处理系统,使该项工作规范化、信息化,实现科学、高效管理。

**3. 进一步推广工作重点**

(1)进一步扩大测定数量　目前全国参测奶牛占成年母牛数量 5％左右,与奶业发达国家相比差距很大。今后相当一段时间,要扩大测定数量。

(2)不断提高测定质量　组织推广 DHI 奶样的"一次采集"工作,这样可以减少采样人员的劳动强度。增加各参测牛场流量计的配置率,并重视流量计的定期校准工作,提高奶样采集的精确性和准确性。提高 DHI 测定实验室的规范管理和技术操作水平,提升测定效率和数据的准确性,保障测定数据真实、准确,资料收集完整。

(3)加强 DHI 报告解读和牛场服务人员队伍建设　目前我国 DHI 报告利用效率不高,应用效果不理想。除去测定质量不高,如部分牛系谱不全、测定不连续,测定数据可利用价值低,影响了测定工作的整体效果的原因外,主要是由于缺乏专业的 DHI 报告解读人员和后续服务。要注重技术人员的培训,提高技术服务水平,使他们能够熟练地应用 DHI 报告为奶牛场的管理和决策提出专业的、有价值的意见和建议,提高牛场的管理水平和经济效益。

(4)DHI要进一步应用于种公牛的后裔测定工作　近年来,通过中国荷斯坦母牛和荷斯坦种公牛的品种登记,建立了数据库。据此建立了"中国奶牛性能指数(CPI)",并进行了修订。2011年使用修订的CPI指数公式,开展了新一轮全国种公牛遗传评估,2011年7月农业部良种补贴,其中荷斯坦种公牛以CPI指数入选公牛405头。"中国奶牛性能指数"的应用提高了我国奶牛遗传评定的水平,提高了种公牛的选择准确性和可靠性,加快了奶牛改良速度。今后进一步实现种公牛站与DHI测定工作的无缝对接,将会有力地促进我国奶业育种工作进程。

# 第二章 DHI 记录与取样

## 一、DHI 项目记录

奶牛生产性能测定,拥有一套完整的奶牛生产性能记录体系。首先收集奶牛系谱、胎次、产犊日期、干奶日期、淘汰日期等牛群饲养管理基础数据,其次是每月采集 1 次泌乳牛的奶样,通过测定中心的检测,获得牛奶的乳成分、体细胞数等数据,然后将这些数据统一整理分析,形成生产性能测定报告。测定报告反映了牛群配种繁殖、生产性能、饲养管理、乳房保健及疾病防治等方面的准确信息。

### (一)被测奶牛场应提供的基础数据

参加 DHI 测定的奶牛场,母牛个体标识、系谱和繁殖记录必须清晰,应向 DHI 测定中心提供被测牛号及其出生日期、父号、母号、外祖父号、外祖母号、近期分娩日期、所处的胎次和留犊情况(若留养的还需填写犊牛号、性别、初生重)等信息。

### (二)DHI 报告提供的项目指标和内容

**日产奶量**:是指泌乳牛测试日当天的总产奶量。日产奶量能反映牛只、牛群当前实际产奶水平,单位为千克。

**乳脂率**:是指牛奶所含脂肪的百分比,单位为％。

**乳蛋白率**:是指牛奶所含蛋白质的百分比,单位为％。

乳脂率、乳蛋白率是牛奶计价标准的主要指标。

**泌乳天数:**指从分娩当天到本次测试日的时间,反映了奶牛所处的泌乳阶段,有助于牛群结构的调整。特别应关注那些泌乳天数较长的奶牛,查看其繁殖状况及产奶量。如果属于长期不孕牛应考虑其存留与否。在全年均衡配种的情况下平均泌乳天数应为150～170天,如果DHI提供的信息显示这一指标过高,说明牧场繁殖方面存在问题。

**胎次:**是指母牛已产犊的次数,用于计算305天预计产奶量。一般保持牛群平均胎次为2.8比较合理。因为处于此状态的牛群不但有较高的产奶潜力及持续力,而且还有条件不断更新牛群,这样可以尽可能利用其优良的遗传性能,提高群体生产水平。流产牛个体胎次的计算方法:妊娠满180天的个体流产后,胎次加1即记为1胎,妊娠不满180天的牛流产胎次不计算。

**校正奶量:**是根据实际泌乳天数和乳脂率校正为泌乳天数150天、乳脂率3.5%的日产奶量,用于不同泌乳阶段、不同胎次的牛只之间产奶性能的比较,单位为千克。也可用于不同牛群间生产性能的比较。例如A号牛与B号牛某月产奶量基本相同,但是就校正奶量而言,后者比前者高出近10千克,说明B号牛的产奶性能好。

**前次奶量:**是指上次测定日产奶量,与当月测定结果进行比较,用于说明牛只生产性能是否稳定,单位为千克。

**泌乳持续力:**当个体牛只本次测定日产奶量与上次测定日产奶量综合考虑时,形成一个新数据,称之为泌乳持续力,该数据可用于比较个体的生产持续能力。

泌乳持续力＝本次测定日产奶量/前次测定日产奶量×100%

泌乳持续力随胎次和泌乳阶段而变化,一般头胎牛的产奶量下降比二胎以上的牛慢。

**脂蛋比:**即脂肪蛋白质比,指牛奶中乳脂率与乳蛋白率的比值,正常情况下为 1.12～1.30∶1。高脂低蛋白质说明日粮中添加了脂肪或是日粮中可消化蛋白质不足,而低脂高蛋白质很可能是日粮中缺乏纤维素的缘故。

**前次体细胞数:**是指上次测定日测得的体细胞数,与本次体细胞数相比较后,反映奶牛场采取的预防管理措施是否得当,治疗手段是否有效。

**体细胞数(SCC):**是记录每毫升牛奶中体细胞数量,体细胞包括嗜中性白细胞、淋巴细胞、巨噬细胞及乳腺组织脱落的上皮细胞等,单位为万个/毫升。另外,体细胞数高,也会使牛奶质量下降。表现为乳脂率降低,钙含量下降,钠及氯含量上升,影响牛奶的营养价值及乳制品风味。因此,许多国家的乳品加工厂都设立了体细胞计数高低的奖罚措施,如在国外提供 30 万个/毫升体细胞原料奶者会被处罚,一般 50 万个/毫升体细胞数以上的奶则会被拒收,美国甚至达到 40 万个/毫升即拒收。

**体细胞分:**将体细胞数线性化而产生的数据。利用体细胞分评估奶损失比较直观明了。

**牛奶损失:**是指因乳房受细菌感染而造成的牛奶损失,可以通过体细胞数和产奶量的高低进行计算,单位为千克(据统计,奶损失约占总经济损失的 64%)。DHI 报告详细地提供了每头牛的奶损失及平均奶损失,由此可直接计算出经济损失。这正是牛奶记录系统的意义所在,也是牛场所关心的焦点问题。通过一些有效的管理措施,降低体细胞数,减少乳房炎发病率,定会提高奶牛场的经济效益。

**奶款差:**等于奶损失乘以当前奶价,即损失掉的那部分牛奶的价格。单位为元。

**经济损失:**因各种原因所造成的总损失,其中包括牛奶损失和乳房炎引起的其他损失,即奶款差除以 64%,单位为元。乳房炎的其他损失包括:乳房永久性破坏,牛只传染,过早干奶、淘汰、兽医、兽药费,抗生素残留奶,生鲜奶质量下降等。例如,00413 号牛,测试日产奶量 27 千克。体细胞数 81 万个(体细胞分 6 分),换算成奶损失 2.2 千克,奶款差 6.60 元(以奶价 3.0 元/千克计算),那么本测试日造成的经济损失则为 10.31 元(6.60/64%)。

**总产奶量**:是从分娩之日起到本次测定日时,牛只的泌乳总量;对于已完成胎次泌乳的奶牛而言则代表胎次产奶量。单位为千克。

**总乳脂量**:是计算从分娩之日起到本次测定日时,牛只的乳脂总产量,单位为千克。

**总蛋白量**:是计算从分娩之日起到本次测定日时,牛只的乳蛋白总产量,单位为千克。

**高峰奶量**:是指泌乳奶牛本胎次测定中,最高的日产奶量。

**高峰日**:是指在泌乳奶牛本胎次的测定中,产奶量最高时的泌乳天数。

高峰日到来的时间和高峰奶量的高低直接影响胎次奶量。据统计,高峰产奶量每提高 1 千克,相对于头胎奶牛胎产奶量提高 400 千克,二胎奶牛胎产奶量提高 270 千克,三胎奶牛胎产奶量提高 256 千克。在奶牛饲养中,及时到达泌乳高峰,并保持高峰奶量是奶牛饲养所追求的目标。通常情况下泌乳高峰到达的时间为产后 40~60 天,而奶牛采食量高峰到达的时间较晚,约为产后 90 天。因此,为使奶牛产奶高峰及时到达并保持较高的产奶持续力,必须做好以下工作:①经产牛在上胎次泌乳末期适当增加膘情,注意干奶牛的饲养,有乳房炎的奶牛要进行必要的干奶期治疗。②头胎牛做好犊牛期及育成期的培育,注意体尺体重,掌握好适时配种月龄。③做好围产期的管理,保持环境干净、卫生,防止乳房炎及其他并发症的发生。④加强泌乳早期的营养,适时调整日粮配方,保持饲料的全价性及较高的营养水平。

**90 天产奶量**:是指泌乳 90 天的总产奶量。

**305 天预计产奶量**:是指泌乳天数不足 305 天的,则为预计产奶量,如果达到或者超过 305 天奶量的,为实际产奶量,单位为千克。

**干奶日期**:反映了干奶牛的情况。如果干奶时间太长,说明过去存在繁殖问题;干奶时间太短,将影响奶牛体况的恢复和下胎的产奶量。正常的干奶时间应为 60 天左右。

**群内级别指数(WHI)**:指个体牛只或每一胎次牛在整个牛群中的生产性能等级评分。

$$群内级别指数 = \frac{个体牛只的校正奶}{牛群整体的校正奶} \times 100$$

它是牛只之间生产性能的相互比较,反映牛只生产潜能的高低。

**成年当量**:是指各胎次产量校正到第五胎时的 305 天产奶量。一般在第五胎时,母牛的身体各部位发育成熟,生产性能达到最高峰。利用成年当量可以比较不同胎次的母牛在整个泌乳期间生产性能的高低。

**尿素氮**:指牛奶中尿素氮的含量。牛奶中尿素氮含量正常值为 10~18 毫克/100 毫升。

# 二、DHI 取样方法

## (一)测定牛群要求

参加生产性能测定的牛场,应具有一定生产规模,最好采用机械挤奶,并配有流量计或带搅拌和计量功能的采样装置。

## (二)测定奶牛条件

测定奶牛应是产后 1 周以后的泌乳牛。奶牛场、小区或农户应具备完好的牛只标识(耳号)、系谱和繁殖记录、干奶记录、淘汰记录、流产记录,并保存有牛只的出生日期、胎次、父号、母号、外祖父号、外祖母号、近期分娩日期和留犊情况(若留养的还需填写犊牛号,性别,初生重)等信息,在测定前需随样品同时送达测定中心。

## (三)采 样

对每头泌乳牛 1 年测定 10 次,测试奶牛每胎次的第一次测定应在产后 1 周以后。奶牛基本上一年一胎,连续泌乳 10 个月,最后 2 个月是干奶期。每头牛每个泌乳月测定 1 次,两次测定间隔一般为 26～33 天。测试中心配有专用取样瓶,瓶上有取样刻度标记。采样前牛奶必须充分搅拌,因为乳脂比重较小,一般分布在牛奶的上层,不经过搅拌采集的奶样会导致测出的乳成分偏高或偏低,最终导致生产性能测定报告不准确。

**1. 采样前的准备** 清点所用流量计数量、采样瓶数量并校准流量计,准备采样记录表等。在采样记录表上填好牛场号、牛舍号、牛号等信息。为防止奶样腐败变质,在每份样品瓶中需加入重铬酸钾 0.03～0.06 克或其他专用防腐剂。

**2. 日产奶量测定** 开始挤奶前 15 分钟安装好流量计,安装时注意流量计的进奶口和出奶口,确保流量计倾斜度在 ±5°,以保证取样分流准确和读数准确。每次挤奶结束后,读取流量计中牛奶的刻度数值,将每天各班次挤奶的读数相加即为该牛只的日产奶量,单位为千克。

**3. 采样操作** 每头牛的采样量为 40～50 毫升,1 天 3 次挤奶的一般按 4：3：3(早：中：晚)比例取样；1 天 2 次挤奶的一般按 6：4(早：晚)的比例采样。

每次采样应充分混匀后,再将奶样倒入采样瓶。

将奶样从流量计中取出后,应把流量计中的剩奶完全清空。

每完成一次采样,应盖上瓶盖后快速将采样瓶连续倒置 3 次,应确保采样瓶中的防腐剂完全溶解于乳样中。

流量计的清洗。每班次采样结束后,应将流量计清洗干净。

## (四)样品保存与运输

添加重铬酸钾的奶样在 15℃条件下可保存 4 天,在 2℃～7℃冷藏条件下可保存 1 周。

采样结束后,样品应尽快安全送达测定实验室,运输途中需尽量保持低温,不能过度摇晃。

# 三、DHI 测定注意事项

## (一)采样注意事项

要确保每头测试奶牛编号的唯一性,实际应用牛号和样品瓶上牛号必须完全统一或一一对应。

测定产奶量,若是机械挤奶,通过流量计测定,应注意正确安装流量计,正确记录牛号与产奶量(保留至小数点后 1 位);若为手工挤奶,则用秤称量,所有测试工具都应定期进行校正。

奶样的采集应保证混合均匀,在没有流量计时,应将本班次所挤牛奶充分混合均匀后再行取样。

采样结束或休息时,将奶样放置于 2℃～7℃冷藏室,或通风阴凉处。

运输时做好样品保定,确保奶样瓶盖子朝上并盖紧,及时运回实验室。

不正确的采样首先会造成人力、物力和财力的巨大浪费;其次得出的 DHI 数据将没有任何意义,还会对牧场管理起误导作用,甚至使奶牛场的育种工作无法开展。

## (二)乳成分测定注意事项

**1. 乳成分测定仪器性能的检查**　乳成分的测定使用乳成分测定仪。测定前进行性能检查:在恒温水浴锅中加入适量的水,水浴温度恒定在 42℃,将测定控制样(成分已知)和清洗液放入水浴锅中 15 分钟。用清洗液清洗仪器 3 次以上后,校零点。校零结束后用控制样检查仪器是否正常,测 2 次。控制样 2 次测定结果在误差允许范围内(±0.05%)方可开始测样。反之,则应查找原因。倘若仪器无不正常的迹象,应考虑重新校准仪器。

**2. 乳成分测定仪的校准**　校准间隔时间:全国畜牧总站规定,每个月校准 1 次;仪器维修后,需再次校准方能使用。校准项目:乳脂肪、乳蛋白质、乳糖、尿素氮、体细胞数。校准用标准乳样:每套标准样至少含有 9 个点。校准方法:按仪器使用说明书中的校准方法操作。测试仪器的重复性检查应按仪器要求定期做常规性检查。仪器校准应有记录并存档。记录内容有设备名称、编号、校准原因、国标方法检测数据、校准前数据、校准后数据、校准时间、校准人员及审核人签名等。

**3. 乳样测定**　按采样先后安排测定顺序,检查样品顺序与采样记录表是否一致。

将检查后的样品放入水浴中 15~20 分钟即可达到规定的温度(42℃±1℃)。加热时间不能超过 45 分钟。加热过程中应检查有无已腐坏或异常乳样,将其退出并记录。将加热的乳样从水浴中取出,应充分混合均匀,输入牛号及样品数并开始测定。在测定过程中观察仪器有无乳样溢出或渗漏现象。

测定结束后,保存测定仪器自动输出的检测结果。

**4. 测定注意事项**

第一,控制样的测定应在每天开始乳样测定前、测定中间和全天乳样测定结束时,各进行 1 次,以检查仪器的稳定性。

第二,设定好仪器的校零及清洗间隔,一般每隔 1 小时清洗并校零 1 次,或连续测定 200～500 个奶样自动清洗和调零。

第三,在完成全部测定后,按仪器使用说明用清洗液将仪器清洗干净,如一般 FOSS 的 FT＋是自动连续清洗 50 次后停止,每周做酶浸。同时将吸样管置入一杯清洗液中。为保持仪器的稳定性,平时不需关机,如仪器停止使用 1 周以上应关机。

**5. 对乳成分数据可疑样品的处理**

(1)数据可疑样品的范围　乳脂肪测定结果＞7％或＜2％,乳蛋白质＞5％或＜2％。

(2)乳成分数据可疑的处理方法　如果奶牛场可疑数据牛只占总样品的 10％,则必须重新取样。重测时,乳脂肪和乳蛋白质 2 次测定结果之差小于 0.05％,则选用第一个结果,若大于 0.05％,则继续重测;在几次测定结果中,如有任意 2 个结果之差大于 0.10％,此样品则应废弃,需重新采样再测定。在接受新的数据时,乳脂肪和乳蛋白质应成对改变。

**6. 乳成分测定标样的制作方法**

(1)乳成分测定标样制作

①把脱脂乳混合在含脂率为 3％的新鲜生乳中,配制成含脂率大约为 0.1％、1％、1％、2％、2％的乳。

②准备含脂率为 3％的牛乳。

③用分离出的乳油加入 3％的牛乳中,制作含脂率为 3.5％、4％、5％的乳样。

④加入重铬酸钾,加入量为 0.06 克/100 毫升。

⑤将已配好的 9 个乳样分别放入适合水浴的容器中,经 63℃、15 分钟水浴杀菌,取出冷却至 42℃,摇匀,分装,贴上标签,置于冰箱冷藏(4℃)保存,待运输及待检。

⑥标样中乳脂肪、乳蛋白质和乳糖化学测定分别按 GB/T 5409—1985 2.3.2、GB/T 5413.1—1997、GB/T 5413.5—1997 进行。

(2)控制样的制作方法

①将每天测定的最后一个乳样记录其乳脂肪、乳蛋白质、乳糖及体细胞数值并保存在 2℃～7℃的冷藏箱内,留作第二天校对仪器用。

②观察做剩的乳样,挑选脂肪相对高、体细胞数高的乳样混合在一个大的烧杯内,分装成 7 份。任取 1 份放入 42℃的水浴中预热 15 分钟,测定其乳成分和体细胞数并记录数据。其余的在 2℃～7℃环境中保存。再挑选乳脂肪和体细胞数相对低的,制作方法同上。每周用制作的高、低样来检查仪器的稳定性。

## (三)流量计的校准

(1)校准间隔时间　每 3 个月校准 1 次。

(2)校准方法　将 6 升的水注入水桶内,将特别设计的吸水管装在流量计牛乳进入的接口处,将吸水管的不锈钢端置入水中将水吸入。校准过程需要真空,完好流量计读数应在 5.9～6.1 千克。

## 四、信息反馈

奶牛生产性能测定反馈内容主要包括分析报告、问题诊断和技术指导等方面。

## （一）奶牛生产性能测定报告

奶牛生产性能测定报告是信息反馈的主要形式，奶牛饲养管理人员可以根据这些报告全面了解牛群的饲养管理状况。报告是对牛场饲养管理状况的量化，是科学化管理的依据，这是管理者凭借饲养管理经验而无法得到的。根据报告量化的各种信息，牛场管理者能够对牛群的实际情况做出客观、准确、科学的判断，发现问题，及时改进，提高牛场管理水平和效益。

## （二）问题诊断

测定报告关键是从中发现问题，并能够使问题得到快速、高效、准确地解决。数据分析人员可以根据测定报告所显示的信息，与正常范围数据进行比较分析，找出问题，针对牛场实际情况，做出相应的问题诊断，分析异常现象（例如牛群平均泌乳天数较低，平均体细胞数较高，脂蛋比低等），找出导致问题发生的原因。问题诊断是以文字形式反馈给牛场，管理者依据报告，不仅能以数字的形式直观地了解牛场的现状，还可以结合问题诊断提出解决实际问题的建议。

## （三）技术指导

一般情况下，因为受到空间、时间以及技术力量的限制，即使测定报告反馈了相关问题的解决方案，但牛场还是无法将改善措施落到实处。根据这种情况，奶牛生产性能测定中心应指定相关专家或专业技术人员，到牛场做技术指导。通过与管理人员交流，结合实地考察情况及数据报告，给牛场提出符合实际的指导性建议。

# 第三章 奶牛生产性能测定软件 及相关信息化管理

## 一、奶牛遗传评估信息化现状

为适应我国奶牛品种、良种登记及种公牛后裔测定和开展种牛遗传评定工作的需要，满足良种选育和遗传改良工作对有关数据的要求，中国奶业协会建立了奶牛数据中心。主要是为政府机关、科研院所、奶业相关企事业单位，养殖场及奶农提供全面、具体、迅速、准确的奶业数据信息服务。主要任务是配合行政主管部门开展国家奶牛生产性能测定、种公牛遗传评估和青年公牛联合后裔测定等工作，收集和分析国内外种公牛育种数据，为奶牛群体遗传改良提供数据支撑。

目前，我国奶牛育种数据的收集、传输、保存和统计分析工作，经过多年努力已经具有一定基础。在中国奶牛生产性能测定分析系统（CNDHI）的基础上建设运行了《中国荷斯坦牛网络育种平台》，不断充实数据，为国内奶牛育种提供真实有效的数据，加快我国自主培育优秀种公牛的进程。

中国荷斯坦牛育种数据网络平台将中国荷斯坦牛育种数据进行了系统的、规范的处理，从基础数据的采集、分析到数据的用户应用，进行了全面的整合，并不断充实数据，实时更新，实现全国奶牛育种数据共享及应用。平台涵盖了荷斯坦牛品种登记、生产性能测定、公牛联合后裔测定、体型外貌鉴定、遗传评估和选种选配、良种补贴公牛等众多业务。

奶牛遗传改良的基础是大量的经过验证的可靠数据。当前国内遗传评估过程中最主要的问题是可用的有效数据非常少,每年行业收集的各类性状测定数据可利用率不到30%。因此,如何保障源头数据的翔实和准确十分紧迫和重要。国内围绕遗传评估所必需的品种登记和生产、体型、功能三类主要性状的数据采集工作,规划和开发了奶牛生产性能测定软件(CNDHI)、牛场管理软件(FreeDMS)和体型鉴定软件(FITSD)等配套软硬件系统。这三个数据源端采集系统与育种平台是遗传评估不可分割的部分,通过这三个系统以及实时在线数据交互模式,综合运用软件、网络等多种技术手段,保障基础数据的真实、有效和及时,从源头上提高了数据质量。

河北省种畜禽质量监测站DHI中心已经根据河北实际情况,融合上述三个系统功能,开发了dhihebei奶牛场数据采集分析软件,并完成了国家版权局的软件著作权注册。通过构建河北奶牛信息网(www.dhihebei.com),完成了河北省奶牛信息的实时、动态采集、分析和管理工作。

# 二、中国奶牛生产性能测定软件(CNDHI)

为了加强数据源头建设、提高数据质量,2007年中国奶业协会牵头,组织有关企业进行中国奶牛生产性能测定软件的研发,目前已经推广至全国23家生产性能测定实验室,成为国家奶牛生产性能测定行业标准软件。

中国奶牛生产性能测定分析系统(CNDHI V3.0)是对奶牛生产性能测定体系进行数据分析的集成软件,主要用于DHI检测中心。该系统对DHI的关键性能指标进行数据采集、计算处理、跟踪记录与分析,形成牧场测定牛群的DHI分析报告。

DHI基础测试指标有日产奶量、乳脂率、乳蛋白率、体细胞数、乳糖率、总固体率及尿素氮。在最后形成的 DHI 报告中有 50 多个指标，这些是根据奶牛的生理特点及生物统计模型统计推断出来的。通过这些指标，可以更清楚地掌握当前牛群的性能表现状况，指导牧场生产。

中国奶牛生产性能测定分析系统(CNDHI V3.0)的业务功能包括：基本信息、数据处理、个体分析报告、群体分析报告、牧场测定报告、系统管理、系统帮助。

## （一）基本信息

牧场测定报告包括以下内容。

**1. 区域及参测牛场**　分区域维护参与测定的牛场信息。

**2. 牛只档案登记**　三种登记方式分别是手工输入，按照设定 Excel 模板导入，从牧场软件（如丰顿 DMS、DTMS、FreeDMS）生成导入。

**3. 预警参数定义**　定义需要预警的 DHI 指标参数的正常值范围。

**4. 分析参数定义**　为需要分析的 DHI 参数划定分析的区域段，满足用户对 DHI 数据的各种分析。

## （二）数据处理

包括以下内容。

**1. 数据准备**　将奶样检测设备输出的结果和牧场牛群状况导入到系统，然后可以批量一次性地分析所有参测牧场的数据，并形成结果文件。

**2. 分析计算**　结合牛群信息、原始测定结果信息、分析模型，计算各项 DHI 参数指标值。

**3. 模型定义**　对于高级用户可以自己定义各项 DHI 参数的

计算公式。

# (三)个体分析报告

包括以下内容。

**1. 结果筛选**　根据用户自定义的条件,组合筛选 DHI 测定结果。

**2. 预警报告**　根据用户定义好的 DHI 指标正常范围,报告出不符合条件的牛只。

**3. 个体综合分析**　针对个体,分析其相关 DHI 指标参数,如个体泌乳曲线分析。

**4. 胎次综合评定**　针对一批个体,做胎次总结性报告。

**5. 公牛性能报告**　系统导出公牛相关的生产性能报告,供进一步分析。

**6. 个体血缘追踪**　选择个体或一批个体,系统自动追踪血缘关系。

# (四)群体分析报告

包括以下内容。

**1. 月度结果分析**　包括参测牛群结构分布,综合指标分析——泌乳月,综合指标分析——胎次/牛舍,305 天产奶分布,体细胞分布,乳脂率分布,乳蛋白率分布,脂蛋比分布,日产奶分布,高峰奶分布,高峰日分布,持续力分布。

**2. 测定走势分析**　参测牛群结构分布、综合指标分析、305 天产奶、体细胞、乳脂率、乳蛋白率、脂蛋比、日产奶、高峰奶、高峰日、持续力。

**3. 场间差异分析**　参测牛群结构分布、综合指标分析、305 天产奶、体细胞、乳脂率、乳蛋白率、脂蛋比、日产奶、高峰奶、高峰日、持续力。

## (五)牧场测定报告

牧场测定报告包括以下内容。

**1. 汇总输出**　系统将需要输出的报表(默认和自设计)自动按时间、牧场,建立输出目录后放入到指定的格式输出目录,可以批量一次性输出所有牧场的报表。

**2. 报表设计**　DHI 检测中心可以自己定制满足需求的报表。

## (六)系统管理

系统管理员进行日常的应用维护,内容包括以下几种。

**1. 用户授权**　建立系统操作用户名录,根据用户工作角色进行可操作功能的权限配置。

**2. 数据导出或导入**　导出或导入当前系统中业务数据文件。

**3. 数据库备份**　设定系统数据库文件备份的自动或手动任务,系统能根据设定的参数定期自动备份数据库到指定的位置,以便遇到系统崩溃意外时还原系统数据,保障企业数据安全。

# 三、牛场管理软件(FreeDMS)

　　牛场管理软件又称奶牛场管理信息系统(FreeDMS),是参照我国奶牛饲养标准(第三版),结合国外最新奶牛科学管理经验,总结国内数十位奶牛饲养专家的育种、养殖、生产技术和经营管理实践经验而开发的。目前该系统经过多家奶牛场实施应用,逐渐改进、成熟,是国内奶牛场降本增效和管理现代化的有力保证。应用该系统,能基本实现奶牛生长、繁育全生命周期、胎次产奶周期及奶牛养殖企业日常生产、经营管理的规范化、科学化、透明化。

系统的核心业务功能包括:智能预警、报告分析、基本数据录入、CNDHI接口、精液管理、兽医保健、饲喂与营养、选种选配等。

# (一)该系统的创新点

与育种平台、CNDHI 的数据自动交互,完成品种登记;紧跟国家、省市管理标准,享受权威数据库(公牛库、饲料库等);为提高DHI 数据质量,专门开发了规范的数据采集功能;功能涵盖了牛场的日常管理需求,包括牛只管理、繁殖管理、产奶、饲喂、兽医、选种选配等;数据登记简单快捷,流程控制与导航,防止误操作,保障数据规范;强有力的报告分析、解读、预警功能,享受最新研究成果;详细的管理预警功能,使得牛场管理简单有效、一目了然;与CNDHI 数据集成,共享牛只档案和繁殖等记录,快速应用。

# (二)功能设计

**1. 智能预警**  针对奶牛生长、繁育、生产、保健等生命体征特点,自动进行日常工作提示、异常业务警示和安全威胁警报等智能化服务。具体包括:预警参数定义、首次发情预警、适配牛预警、干奶预警、妊检预警、产前围产期预警、淘汰牛预警、乳房炎预警、酮病预警、酸中毒预警、代谢紊乱预警等。

**2. 报告分析**  利用联机分析技术和数据挖掘技术,对已经积累的业务数据,根据管理决策需要进行多维矩阵式图示对比分析。如牛只查询、产犊查询、牛只综合档案卡、群体泌乳曲线、DHI 关键指标分析、DHI 关键指标走势分析、DHI 指标预警等。

**3. 基本数据录入**  主要包括牛只档案、牛只转舍、体型鉴定、牛只离场、配种登记、妊娠检查登记、干奶登记、产犊登记、流产登记、产奶登记等主要的数据登记录入功能。

**4. CNDHI 接口**  主要实现与 DHI 中心的数据交互,包括采

样日产奶量导入、参测牛只档案、计算数据准备、公牛库导入、DHI
测定结果导入等。

**5. 精液管理**　主要针对精液的库存管理,包括精液的基本信
息、精液的出入库、精液的盘点等。

**6. DHI 管理**　提供丰富的 DHI 数据采集、分析模板自定义
功能,支持各种 DHI 检测分析设备分析数据导入功能,并可协助
用户完成各种客户化的 DHI 分析和预警报告。

**7. 兽医保健**　主要包括疾病管理、检免疫登记、疾病治疗和
处方信息。

**8. 饲喂与营养**　提供国标最新、最权威奶牛营养标准库和多
个奶牛饲料标准配方,供用户参考选用。提供客户化的配方制作、
优化计算、营养或日粮分析及配方输出功能。

**9. 选种选配**　国家验证公牛育种值、全场血缘系谱、近交系
数计算、选配计划。

# (三)快速应用

**1. 初始化数据处理**　先从 DHI 中心得到中心导出的"牧场
数据包",安装好的 FreeDMS 运行后登陆,会自动进入"初始化
向导"。

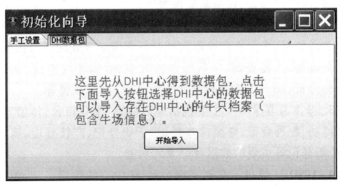

**2. 智能预警** 分"繁殖预警"和"DHI预警"。

"繁殖预警"类似于派工单,告诉用户每天该做什么。

"DHI预警"可再分为"疾病预警"和"日粮平衡预警"。"疾病预警"告知客户哪些牛可能得了什么疾病,"日粮平衡预警"告诉奶牛日粮是否平衡以及日粮平衡情况的牛只分布。

综合预警

适配牛预警　返情预警　妊检预警

围产前期预警　围产后期预警　干奶预警　未妊和未配预警

乳房炎预警　酸中毒预警　代谢紊乱预警　乳糖率过低预警　高峰期预警　酮病预警

**3. 补充牛只档案** 当导入完 DHI 信息中心的牧场数据包后,系统就有了参测的牛只档案,而其他没有参测的牛只档案就必须另外录入了。在登记产犊的时候,如果确定了犊牛编号,则犊牛的档案由软件自动建立。

补充录入牛只档案的两种方式如下:

第一,在"基本数据录入"下的"牛只档案"点"增加"按钮,进行快速录入界面,该界面支持小键盘快速录入。

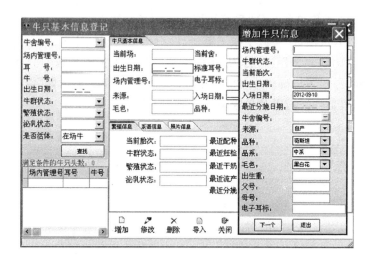

第二,还是在该界面下,可以使用 Excel 导入,点"导入"按钮就会进入导入界面。点"导入数据模板路径"能查找到导入模板。用该模板来整理导入牛只档案,然后导入。

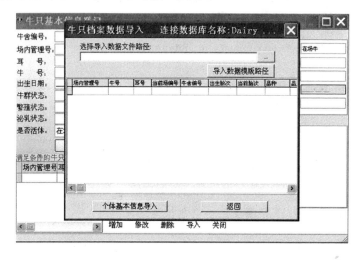

**4. 繁殖登记** 繁殖登记可以根据智能预警警示的牛只个体登记对应的繁殖信息,也可以直接使用繁殖登记的相关功能来登记。登记繁殖信息时,软件将使用严格的逻辑约束条件来核实当前的登记是否合适,保障登记数据的正确性。

繁殖登记包括:繁殖导航、配种登记、妊检登记、干奶登记、产犊登记、流产登记。

繁殖导航　配种登记　妊检登记　干奶登记　产犊登记　流产登记

**5. 产奶登记** 主要就是将每次 DHI 采样日的个体产奶量记录下来,可以使用手工录入也可以使用模板导入。

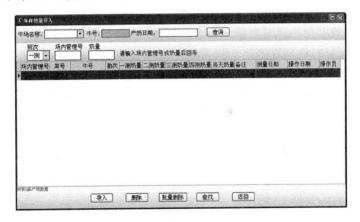

**6. CNDHI 接口** 这里的操作分两个方面,一方面要向 DHI 中心提供基本的参测牛只档案,以及计算数据准备。这个由"参测牛只档案"和"计算数据准备"生成 Excel 给 DHI 中心(这包括产奶数据的导入,并在计算数据准备中体现出来);另外一方面导入 DHI 中心检测的"综合测定结果",为 DHI 相关分析提供数据。

参测牛只档案　　　　计算数据准备

# 四、体型鉴定软件系统（FITSD）

饲养奶牛的目的是为了获取最高经济效益。要达到此目的，一是提高奶牛生产性能，二是提高奶牛健康水平和延长利用年限。奶牛的体型不仅与其健康水平和利用年限紧密相关，而且决定着本身的生产能力和生产潜力，所以做好奶牛的体型外貌线性鉴定，能为评价奶牛经济价值提供科学依据。

对奶牛体型线性鉴定各性状的评分，主要依赖于鉴定员对该性状的度量和观察判断。在大多数情况下，不是用量具进行测量的，而是对性状在生物学状态两极端范围内所处的位置进行评分。9 分制评分可把性状所表现的生物学两极端范围看作一个线段，把该线段分为 1～3 分、4～6 分、7～9 分 3 个部分，两个极端和中间 3 个区域；观察该性状所表现的状态在 3 个区域中的哪个区域，再看其属于该区域中哪一个档次，而确定其评分分数。

本系统主要依据《中国荷斯坦牛体型线性鉴定性状及评分标准》开发，同时考虑与奶牛场管理软件、中国荷斯坦牛育种数据网络平台的数据集成。

体型鉴定系统主要供体型鉴定专家实时对奶牛的体型进行打分评定，并能准确、可靠、快捷与计算机同步牛只档案信息和现场采集数据。通过 PC 数据处理分析程序（V1.0）可以导出、统计、分析和打印关键业务数据，如对个体鉴定明细、23 项鉴定性状分析和对缺陷性状改良性状分析的导出、打印等，也可以通过 GPRS方式将数据上报至远程服务器，并通过网页方式处理数据。

# 第四章  DHI 报告的分析

DHI 所收集和提供的是奶牛生产最基础性的信息,具有广泛的应用价值。对 DHI 数据进行科学分析,对牛场管理经营,乳品企业生产及有关政府部门制定相关政策都有重要意义。

## 一、DHI 报告的信息与内容

奶牛生产性能测定工作通过对奶牛场提供的牛场原始数据及取自牛场奶样的检测数据进行汇总、分析、整理,形成自己的 DHI 报告,包括牛群组成及健康状况、产奶性能及繁殖等方面的信息与内容。

一是产奶牛牛群组成及健康状况信息。包括参测产奶牛的头数、产奶牛产犊胎次、不同产犊胎次牛只头数、群内级别指数(WHI)、体细胞数(SCC)、前次体细胞数、体细胞分、脂蛋比、尿素氮等。

二是产奶量信息。包括产奶量、校正奶量、上次奶量、峰值奶量、峰值日、泌乳持续力、牛奶损失、累计奶量、泌乳曲线、总产奶量、总乳脂量、总蛋白量、90 天产奶量、305 天预计产奶量等。而体细胞数、尿素氮等都会对产奶量造成影响。

三是鲜奶质量信息。包括乳脂率、乳蛋白率、脂蛋比、体细胞数、尿素氮等。

四是牛群繁殖状况信息。与繁殖有关的数据包括产犊间隔、泌乳天数、尿素氮等。如果牛场管理者报送了配种、妊娠检查信息,DHI 报告可给出预产期、该牛的产犊、空怀、已配或妊娠状态。

五是日粮状况信息。DHI 报告中通篇可能没有日粮的字样，但可通过泌乳曲线、乳脂率、乳蛋白率、脂蛋比、尿素氮含量、体细胞数、305 天预计产奶量等内容，分析日粮状况，并做相应调整。

DHI 报告的内容信息广泛，一项内容可能传递了多种信息。科学地分析这些数据之间的有机联系，最大限度地利用报告的内容，为科学分群、日粮调整、兽医治疗、选种选配提供依据，最大限度地发挥它们的作用。

## 二、产奶量性能分析

影响产奶量的因素很多，归纳起来可分为遗传和环境因素。一般认为遗传差异约占奶牛产奶量变异的 25％，但并不是任何牛群、随便一头牛通过非遗传手段立刻就能提高其产奶量。只有在其遗传潜质内，才可以通过改善环境、优化日粮等达到提高产奶量的目的。DHI 测定以及其他信息的综合应用，提供了可以更客观发现问题、解决问题的条件。

### （一）查看泌乳曲线

正常的泌乳曲线应是：产后第一泌乳月产奶量较低，奶牛的产奶高峰出现在第二泌乳月，即第二次采样时；产奶高峰过后，牛只的产奶量逐渐下降，下降幅度平均为 0.07 千克/天；泌乳曲线应平滑。必要时可根据 DHI 综合测定结果表，整理绘制产后各周泌乳曲线图，利用专用程序检查日粮浓度是否符合产奶性能需要（详情可参见第七章）。较正常的泌乳曲线如表 4-1。

## 二、产奶量性能分析

**表 4-1　不同生产水平奶牛各泌乳周日均产奶情况　（千克/头·天）**

| 产后周 \ 305 天产奶量(吨) | 4.5 | 5.0 | 5.5 | 6.0 | 6.5 | 7.0 | 7.5 | 8.0 | 8.5 | 9.0 | 9.5 | 10.0 |
|---|---|---|---|---|---|---|---|---|---|---|---|---|
| 1 | 10.0 | 11.6 | 13.2 | 14.8 | 16.4 | 18.0 | 19.6 | 21.2 | 22.8 | 24.4 | 26.0 | 27.6 |
| 2 | 13.0 | 15.0 | 17.0 | 18.0 | 19.5 | 21.5 | 23.1 | 24.8 | 26.5 | 28.2 | 29.9 | 31.6 |
| 3 | 16.0 | 17.5 | 19.0 | 20.0 | 22.6 | 24.1 | 25.7 | 27.5 | 29.3 | 31.1 | 32.9 | 34.6 |
| 4 | 18.0 | 19.0 | 21.0 | 22.0 | 24.5 | 26.0 | 27.6 | 29.4 | 31.2 | 33.0 | 34.8 | 36.5 |
| 5 | 19.0 | 20.0 | 22.0 | 23.8 | 26.0 | 27.5 | 29.1 | 30.9 | 32.7 | 34.5 | 36.4 | 38.1 |
| 6 | 19.7 | 21.3 | 23.0 | 25.5 | 27.4 | 28.9 | 30.5 | 32.4 | 34.3 | 36.2 | 37.9 | 39.6 |
| 7 | 20.0 | 22.0 | 23.9 | 25.8 | 27.7 | 29.4 | 31.0 | 32.9 | 34.8 | 36.7 | 38.5 | 40.2 |
| 8 | 19.7 | 21.7 | 23.7 | 25.7 | 27.6 | 29.7 | 31.3 | 33.2 | 35.1 | 37.0 | 38.6 | 40.5 |
| 9 | 19.4 | 21.4 | 23.3 | 25.3 | 27.2 | 29.3 | 31.2 | 33.1 | 35.0 | 37.0 | 38.6 | 40.5 |
| 10 | 19.1 | 21.1 | 23.0 | 25.0 | 26.8 | 28.8 | 30.8 | 32.7 | 34.5 | 36.5 | 38.3 | 40.3 |
| 11 | 18.8 | 20.7 | 22.7 | 24.6 | 26.5 | 28.4 | 30.4 | 32.2 | 34.1 | 36.0 | 37.8 | 39.8 |
| 12 | 18.5 | 20.4 | 22.3 | 24.3 | 26.1 | 28.0 | 29.9 | 31.8 | 33.6 | 35.6 | 37.3 | 39.3 |
| 13 | 18.2 | 20.1 | 22.0 | 23.9 | 25.7 | 27.6 | 29.5 | 31.3 | 33.2 | 35.1 | 36.8 | 38.8 |
| 14 | 17.9 | 19.8 | 21.6 | 23.5 | 25.3 | 27.2 | 29.1 | 30.9 | 32.7 | 34.6 | 36.3 | 38.3 |
| 15 | 17.6 | 19.5 | 21.3 | 23.2 | 24.9 | 26.8 | 28.7 | 30.5 | 32.2 | 34.1 | 35.8 | 37.8 |
| 16 | 17.3 | 19.2 | 21.0 | 22.8 | 24.6 | 26.4 | 28.2 | 30.0 | 31.8 | 33.6 | 35.4 | 37.2 |
| 17 | 17.0 | 18.8 | 20.6 | 22.5 | 24.2 | 26.0 | 27.8 | 29.6 | 31.3 | 33.2 | 34.9 | 36.7 |
| 18 | 16.7 | 18.5 | 20.3 | 22.1 | 23.8 | 25.6 | 27.4 | 29.1 | 30.9 | 32.7 | 34.4 | 36.2 |
| 19 | 16.4 | 18.2 | 20.0 | 21.7 | 23.4 | 25.2 | 27.0 | 28.7 | 30.4 | 32.2 | 33.9 | 35.7 |
| 20 | 16.1 | 17.9 | 19.6 | 21.4 | 23.1 | 24.8 | 26.6 | 28.3 | 29.9 | 31.7 | 33.4 | 35.2 |
| 21 | 15.8 | 17.6 | 19.3 | 21.0 | 22.7 | 24.4 | 26.1 | 27.8 | 29.5 | 31.2 | 32.9 | 34.7 |
| 22 | 15.5 | 17.3 | 18.9 | 20.7 | 22.3 | 24.0 | 25.7 | 27.4 | 29.0 | 30.7 | 32.4 | 34.2 |

续表 4-1

| 305天产奶量(吨)<br>产后周 | 4.5 | 5.0 | 5.5 | 6.0 | 6.5 | 7.0 | 7.5 | 8.0 | 8.5 | 9.0 | 9.5 | 10.0 |
|---|---|---|---|---|---|---|---|---|---|---|---|---|
| 23 | 15.2 | 16.9 | 18.6 | 20.3 | 21.9 | 23.6 | 25.3 | 26.9 | 28.6 | 30.3 | 31.9 | 33.7 |
| 24 | 14.9 | 16.6 | 18.3 | 19.9 | 21.5 | 23.2 | 24.9 | 26.5 | 28.1 | 29.8 | 31.4 | 33.2 |
| 25 | 14.6 | 16.3 | 17.9 | 19.6 | 21.2 | 22.8 | 24.5 | 26.1 | 27.7 | 29.3 | 30.9 | 32.7 |
| 26 | 14.4 | 16.0 | 17.6 | 19.2 | 20.8 | 22.4 | 24.0 | 25.6 | 27.2 | 28.8 | 30.4 | 32.1 |
| 27 | 14.1 | 15.7 | 17.2 | 18.9 | 20.4 | 22.0 | 23.6 | 25.2 | 26.7 | 28.3 | 30.0 | 31.6 |
| 28 | 13.8 | 15.3 | 16.9 | 18.5 | 20.0 | 21.6 | 23.2 | 24.7 | 26.3 | 27.9 | 29.5 | 31.1 |
| 29 | 13.5 | 15.0 | 16.6 | 18.1 | 19.6 | 21.2 | 22.8 | 24.3 | 25.8 | 27.4 | 29.0 | 30.6 |
| 30 | 13.2 | 14.7 | 16.2 | 17.8 | 19.3 | 20.8 | 22.3 | 23.9 | 25.4 | 26.9 | 28.5 | 30.1 |
| 31 | 12.9 | 14.4 | 15.9 | 17.4 | 18.9 | 20.4 | 21.9 | 23.4 | 24.9 | 26.4 | 28.0 | 29.6 |
| 32 | 12.6 | 14.1 | 15.5 | 17.0 | 18.5 | 20.0 | 21.5 | 23.0 | 24.4 | 25.9 | 27.5 | 29.1 |
| 33 | 12.3 | 13.8 | 15.2 | 16.7 | 18.1 | 19.6 | 21.1 | 22.5 | 24.0 | 25.5 | 27.0 | 28.6 |
| 34 | 12.0 | 13.4 | 14.9 | 16.3 | 17.8 | 19.2 | 20.7 | 22.1 | 23.5 | 25.0 | 26.5 | 28.1 |
| 35 | 11.7 | 13.1 | 14.5 | 16.0 | 17.4 | 18.8 | 20.2 | 21.6 | 23.1 | 24.5 | 26.0 | 27.6 |
| 36 | 11.4 | 12.8 | 14.2 | 15.6 | 17.0 | 18.4 | 19.8 | 21.2 | 22.6 | 24.0 | 25.5 | 27.0 |
| 37 | 11.1 | 12.5 | 13.9 | 15.2 | 16.6 | 18.0 | 19.4 | 20.8 | 22.1 | 23.5 | 25.0 | 26.5 |
| 38 | 10.8 | 12.2 | 13.5 | 14.9 | 16.2 | 17.6 | 19.0 | 20.3 | 21.7 | 23.1 | 24.5 | 26.0 |
| 39 | 10.5 | 11.8 | 13.2 | 14.5 | 15.9 | 17.2 | 18.6 | 19.9 | 21.2 | 22.6 | 24.1 | 25.5 |
| 40 | 10.2 | 11.5 | 12.8 | 14.2 | 15.5 | 16.8 | 18.1 | 19.4 | 20.8 | 22.1 | 23.6 | 25.0 |
| 41 | 9.9 | 11.2 | 12.5 | 13.8 | 15.1 | 16.4 | 17.7 | 19.0 | 20.3 | 21.6 | 23.1 | 24.5 |
| 42 | 9.6 | 10.9 | 12.2 | 13.4 | 14.7 | 16.0 | 17.3 | 18.6 | 19.8 | 21.1 | 22.6 | 24.0 |
| 43 | 9.3 | 10.6 | 11.8 | 13.1 | 14.3 | 15.6 | 16.9 | 18.1 | 19.4 | 20.6 | 22.1 | 23.5 |
| 44 | 9.0 | 10.2 | 11.5 | 12.7 | 14.0 | 15.2 | 16.4 | 17.7 | 18.9 | 20.2 | 21.4 | 22.7 |

## 二、产奶量性能分析

非正常泌乳曲线可以大体分为峰值过早、峰值过晚、阶梯形曲线等。应针对不同情况,检查DHI峰值日、持续力等,结合了解牛只原产地饲养方式、产奶量以及观察牛只体况等,做出具体应对。

**1. 掌握自己牛群产奶遗传潜能,了解牛只来源** 近几年,为缓解优质奶源缺乏的状况,特别是2009年以来,进口数量猛增,价格上涨,牛源紧张,进口国从欧洲也扩大到了澳洲及北美。来自不同地区牛源的基本产奶量有所差异,饲养方式也不尽相同。有关国家奶牛头数及单产如表4-2。2010年我国牛奶总产量3 575万吨,比2000年增长3.3倍;奶牛存栏1 260万头,比2000年增长1.6倍。以牛群组成,犊牛:育成牛:泌乳奶牛:干奶牛为15:25:50:10推算,泌乳奶牛平均单产5.6吨左右。澳大利亚、新西兰以及南美一些国家原产地平均单产较低(表4-2),这可能与其放牧饲养的粗放管理方式有关,应通过检查DHI测定的泌乳曲线以及奶牛体况是否正常,发现其在集约化饲养条件下的产奶遗传潜质,配制合适的日粮。对于泌乳曲线不正常、奶牛体况不正常较多的牛群,不管与牛群产地的原产奶量对照是否正常,这个牛群的遗传潜质都可能还没有得到充分发挥,可能与饲养方式及管理有关。比如由原来的放牧饲养改为舍饲,由粗放改为精细,或由原来的精细变为粗放,营养不足或过剩,或健康状况不佳等。应进一步细化分析,采取相应措施。

**表4-2 有关国家(地区)奶牛头数及单产**

| 国 家<br>(地区) | 头 数<br>(万头) | 单 产<br>(吨) | 饲养<br>方式 |
|---|---|---|---|
| 美 国 | 900 | 9.5 | |
| 加拿大 | 108 | 9.5 | |
| 以色列 | 12 | 11 | |

**续表 4-2**

| 国　家<br>（地区） | 头　数<br>（万头） | 单　产<br>（吨） | 饲养<br>方式 |
|---|---|---|---|
| 欧　洲 | | 8～10 | |
| 日　本 | 150 | 8.5 | |
| 韩　国 | 30 | 8.3 | |
| 澳大利亚 | 160 | 5 | 放牧饲养 |
| 新西兰 | 450 | 4.5 | 放牧饲养 |
| 乌拉圭 | 75 | 5 | 放牧饲养 |
| 阿根廷 | 170 | 5 | 放牧饲养 |
| 巴　西 | 150 | 5 | 放牧饲养 |
| 智　利 | 30 | 5 | 放牧饲养 |

摘自《中国奶牛》2012,1,48。

**2. 泌乳曲线峰值过早或过晚**　正常高峰日范围是产后 40～60 天。峰值奶量的高低直接影响胎次奶量。影响峰值日及峰值奶量的因素很多,如育成牛的饲养膘情、产前膘情、干奶期的饲养管理、产犊间隔时间等,围产前后特别是在产犊接产及母牛护理方面存在问题,如助产不当、产后子宫炎等并发症较多等,也可造成高峰日推迟及高峰奶量降低。

泌乳持续力是反映泌乳高峰过后,产奶持续能力的指标(具体指标见本书表 6-16),主要受营养水平的影响。泌乳持续力高,可能预示着前期的生产性能表现不充分,应补足前期的营养;泌乳持续力低,表明目前饲料配方不能满足奶牛产奶需要(也可能是乳房受感染,挤奶程序、挤奶设备等其他方面存在问题)。

峰值日及泌乳持续力反映的牛群状况和解决措施见表 4-3。

## 二、产奶量性能分析

**表 4-3　高峰日与泌乳持续力反映的牛群状况及解决措施**

| 峰值日（天） | 持续力 | 牛群状况 | 解决措施 |
|---|---|---|---|
| <40 | ≥90% | 牛体况及营养等正常 | 维持现状 |
| | ≤90% | 牛有足够的体膘使之达到产奶高峰，营养不足无法支持应有的产奶水平 | 适当调节日粮配方，提高日粮营养浓度 |
| ≥40 并且 ≤60 | ≥90% | 牛体况及营养等正常 | 维持现状 |
| | ≤90% | 峰值日前体膘及营养均正常，但峰值日后受到应激，产奶量急剧下降 | 可能酸中毒，奶牛瘤胃功能紊乱，菌群失调，日粮配方不合理，干物质采食量不足等。需要在饲料中添加有益菌。也可能为犊牛期瘤胃基础菌群建立过程中失调 |
| >60 | ≥90% | 不适应干奶牛日粮，产后干物质采食量低，致峰值日延；峰值日后营养合理 | 注意干奶牛日粮结构 |
| | ≤90% | 不适应干奶牛日粮，产后干物质采食量低，致峰值日延长；峰值日后营养不合理 | 养好干奶牛。从兽医的角度来讲，大部分奶牛为慢性消耗性疾病，以内科病居多，建议逐步淘汰这部分牛群 |

**3. 阶梯形泌乳曲线**　泌乳期间由于疾病、热应激、日粮过渡不畅、转群不利等应激,均可能导致泌乳量突然大幅下降,使平滑的泌乳曲线出现阶梯形。常见于泌乳前期高产群转入中产群时,由于日粮营养浓度降低较多,若体况分低于3.0分,可能导致无足够的体能储备支撑,也会使产奶量下降过快。

# (二)检查体细胞数

当奶牛乳房受到病原体侵袭或乳房损伤时,乳腺分泌大量白细胞进入其中,把病原体包围起来并吞噬掉。随着炎症的加剧,体细胞数会急剧增加,当炎症消失后,体细胞数会逐渐减少。因此,体细胞数(SCC)是反映乳房健康程度的重要指标,同时体细胞数也可影响牛奶产量。当奶牛患乳房炎后,机体产生大量的白细胞用于消灭病原菌和修复损伤的组织,大量的白细胞聚集在一起,堵塞了部分乳房管道,使其分泌的乳汁无法排出,诱导下丘脑减少催乳素的释放,从而导致泌乳细胞总量的减少,影响整个胎次甚至终身产奶量。奶中所含体细胞的数量与奶量损失成正相关,如表4-4,表4-5所示。

**表4-4　个体体细胞数与奶量损失的关系**

| 奶样体细胞数 | 奶量损失(千克) | |
| --- | --- | --- |
| (万个/毫升) | 一胎 | 二胎以上 |
| 低于15 | 0 | 0 |
| 15~30 | 180 | 360 |
| 30~50 | 270 | 550 |
| 50~100 | 360 | 725 |
| 100以上 | 454 | 900 |

表 4-5　混合奶样体细胞数与奶量损失的关系

| 体细胞数(万个/毫升) | 10 | 20 | 30 | 40 | 50 | 60 | 70 | 80 | 90 | 100 |
|---|---|---|---|---|---|---|---|---|---|---|
| 奶量损失(%) | 0 | 2 | 4 | 6 | 8 | 10 | 12 | 14 | 16 | 18 |

加拿大研究表明,体细胞数在 $2×10^5$ 个/毫升基础上,每增加 $1×10^5$ 个/毫升,产奶量将减少 $2.5\%$,若一个牛群的体细胞数量为 $5×10^5$ 个/毫升,其产奶量因隐性乳房炎将减少 $7.5\%$。美国全国乳房炎委员会(The national martinis Councils)指出:1 个乳区的轻微感染将使 1 头奶牛的产奶量降低 $10\%\sim15\%$,即使按降低 $10\%$ 计算,如果 1 头奶牛每天平均产奶 25 千克,那么每天将损失 2.5 千克牛奶。1 个泌乳期按 300 天计算,就会损失 750 千克牛奶。Pankey R B(1993)报道,单一乳区感染的母牛,其泌乳期产奶量下降 $10\%\sim12\%$;乳房炎造成的损失约 $70\%$ 可归于隐性乳房炎引起的产奶量下降;患有临床型乳房炎的母牛与健康牛比较,其每日产奶量损失是 0.5 千克,减少的产奶量估计为乳房炎总损失的 $69\%\sim80\%$。李国江等(1998)报道,每头隐性乳房炎奶牛平均日产奶量减少 3.7 千克。临床型乳房炎严重者,发病后无奶,乃至瞎奶头,最终导致乳腺萎缩。

# (三)查看尿素氮值

日粮中的瘤胃可降解蛋白在瘤胃微生物的作用下降解产生氨,由于瘤胃尿素酶的作用,氨的释放速度极快,这些氨除被瘤胃微生物用来合成微生物蛋白 MCP 外,多余部分被胃壁吸收进入血液。经血液运输到肝脏。肝脏会将氨转化为血液尿素氮,部分进入肾脏后随尿排出,部分在血液中循环,也有部分输送到唾液腺,随唾液重新进入瘤胃。血液中的氨在肝脏中转化为尿素,引起血液尿素氮的升高。乳房乳腺泡周围充满微血管、淋巴与神经,微血管供给泌乳所用的成分。每产 1 千克奶约需 450 升血液流过乳房。奶中的尿素氮（MUN）和血液中的尿素氮（BUN）存在高度的相关关系，牛奶尿素氮含量可及时反映奶牛日粮氮水平、瘤胃降解蛋白含量、能量水平以及能氮平衡状况等。有研究表明，MUN 值变异的 87% 由营养因素所致。日粮粗蛋白质水平对 MUN 有极显著影响，日粮粗蛋白质水平每增加 1.0%，MUN 含量增加 1.32 毫克/100 毫升。

成年牛全血中含总非蛋白氮 20～40 毫克/100 毫升，尿素氮 6～27 毫克/100 毫升。牛奶中尿素氮含量大于 18 毫克/100 毫升时，可能是日粮蛋白质过高或瘤胃降解蛋白质过高，或日粮中的非结构性碳水化合物含量低所导致。MUN 含量过低通常表明日粮蛋白质缺乏，会导致干物质采食量的下降和产奶量的下降，瘤胃中氨态氮浓度低于 5 毫克/100 毫升时，将限制瘤胃微生物蛋白的合成，也会影响奶牛产奶潜能的发挥。

## （四）查看脂蛋比

脂蛋比可以反映日粮营养平衡状况及瘤胃的健康状况，超出正常脂蛋比范围都会影响奶牛产奶潜能的正常发挥。应通过改善日粮（参见第五节"日粮状况分析"部分）及加强管理使其在正常范围之内。

## （五）305 天预计产奶量

查看本项目，可了解奶牛场不同牛只的生产水平及牛群的整体生产水平，作为奶牛淘汰的决策依据。仔细研究前后几个月305 天的预测奶量，就会发现同一头奶牛不同月份 305 天的预测量有所差异。如果这个预测奶量较稳定或有所增加，说明饲养管理有所改进；若预计产奶量降低，表明奶牛的遗传潜力因为饲养管理等诸方面因素的影响未能得以充分的发挥。

# 三、牛奶质量分析

牛奶质量关系到食品安全、人体健康，关系到生鲜乳是否达到乳企的收购标准，关系到出售价格，直接影响企业的效益。通过牛奶质量分析，可以及早发现问题，避免损失。

## （一）食品安全国家标准要求

生乳国家标准是 2010 年 6 月 1 日实施的《食品安全国家标准 生乳》GB 19301—2010。

感官要求应符合表 4-6 的规定。

表 4-6　感官要求

| 项　目 | 要　求 |
|---|---|
| 色　泽 | 呈乳白色或稍带微黄色 |
| 滋味与气味 | 具有乳固有的香味，无异味 |
| 组织状态 | 呈均匀一致液体，无凝块、无沉淀、无正常视力可见异物 |

生乳理化要求应符合表 4-7 的规定。

表 4-7　理化指标

| 项　目 | | 指　标 |
|---|---|---|
| 冰点 a～b/(℃) | | −0.500～0.560 |
| 相对密度/(20℃/4℃) | ≥ | 1.027 |
| 蛋白质/(克/100 克) | ≥ | 2.8 |
| 脂肪/(克/100 克) | ≥ | 3.1 |

**续表 4-7**

| 项 目 | | 指 标 |
|---|---|---|
| 杂质度/(毫克/千克) | ≤ | 4 |
| 非脂乳固体/(克/100 克) | ≥ | 8.1 |
| 酸度/(°T) | | 12～18 |

生乳卫生要求应符合表 4-8 的规定。

**表 4-8 微生物限量**

| 项 目 | | 限量[CFU/克(毫升)] |
|---|---|---|
| 菌落总数 | ≤ | $2 \times 10^6$ |

乳品企业收购鲜奶对理化指标和微生物菌落总数进行测定，不达标者有可能被拒收。从 DHI 测定反映牛奶质量的信息主要有乳蛋白率、乳脂率、体细胞数等。影响这些项目变化的原因主要来自牛只品种、环境、饲养管理等几个方面。

## (二)影响乳蛋白含量的因素及改进措施

**1. 品种的影响** 几个主要奶牛品种所产牛奶的蛋白质含量见表 4-9。表中可见品种间差异较大。

**表 4-9 不同品种牛奶中蛋白质、脂肪含量 （%）**

| 品 种 | 荷斯坦牛 | 娟姗牛 | 更赛牛 | 爱尔夏牛 | 瑞士褐牛 |
|---|---|---|---|---|---|
| 乳蛋白率 | 3.0 | 3.8 | 3.6 | 3.3 | 3.5 |
| 乳脂率 | 3.7 | 4.9 | 4.6 | 3.9 | 4.0 |

**2. 泌乳期的影响** 奶牛分娩后开始泌乳，而牛奶的主要成分

组成随泌乳期不同而发生变化。初乳中除乳糖含量较低外,其他物质含量均比常乳高。随泌乳期的推延,主要成分含量下降。乳蛋白的含量也不例外,呈明显的"下降—上升—稳定—上升"的规律,据上海"键能赢"2008 年统计,产后 30～65 天乳蛋白含量低于 3.0%,一些个体甚至接近 2.5%;80 天后上升到 3.1%,200 天后上升到 3.2%以上(图 4-1)。

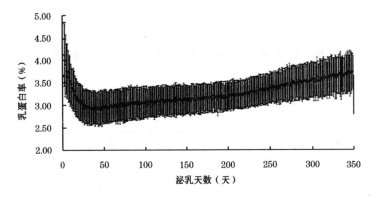

**图 4-1　产后不同泌乳天数乳蛋白含量分布图**
(摘自"键能赢",2008)

**3. 气候的影响**　以 6～8 月份所产牛奶乳蛋白最低。控制环境温度等可在一定程度上提高乳蛋白。不同泌乳月乳蛋白含量见图 4-2。

**4. 饲料因素的影响**　饲料因素对乳蛋白的影响如表 4-10。需特别指出的是,奶牛经较长时间营养不足,一旦恢复营养后,其奶中大部分成分可以达到原来水平,但乳蛋白率不容易完全恢复。所以,要特别注意奶牛日粮的蛋白质营养。

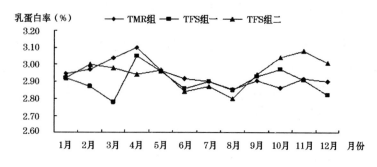

图 4-2　不同泌乳月份 3 种饲喂方式乳蛋白含量分布图

表 4-10　饲料因素对乳蛋白率的影响

| 因　　素 | 乳蛋白率 |
|---|---|
| 最大干物质采食量（DMI） | 增 0.2%～0.3% |
| 增加精饲料饲喂次数 | 可能稍微增 |
| 日粮能量不足 | 降低 0.1%～0.4% |
| 非结构性碳水化合物含量高（大于 45%） | 增 0.1%～0.2% |
| 高纤维日粮 | 降低 0.1%～0.4% |
| 低纤维日粮（中性洗涤纤维小于 26%） | 增 0.2%～0.3% |
| 粗饲料切短 | 增 0.2%～0.3% |
| 日粮粗蛋白质含量高 | 若原日粮粗蛋白不足，可增 |
| 日粮粗蛋白质含量低 | 若原日粮粗蛋白不足，可降 |
| 过瘤胃粗蛋白质占日粮粗蛋白质的 33%～40% | 若原日粮粗蛋白不足，可增 |
| 添加脂肪（>7%～8%） | 降低 0.1%～0.2% |

**5. 提高乳蛋白含量的措施**　奶牛品种改良、减少应激、增加

三、牛奶质量分析

瘤胃中有益菌都是提高乳蛋白含量的重要措施,但这些措施或需要较大投资,或是一个长期过程,绝非一日之功。本节主要从科学配制日粮方面加以阐述。

(1)尽量选用优质饲料品种  选用优质粗饲料,提高干物质采食量。产优质奶的最佳粗饲料组合为苜蓿和燕麦草,根据泌乳阶段的不同其配比不同。一般来讲,单产 8 吨的奶牛高产群为 4∶2。但是,目前,不少奶牛场(特别是奶牛小区)饲料品种单调,粗饲料以青贮为主,有的有一些苜蓿,但量少、质次,一些苜蓿干草的粗蛋白质含量只有 14％左右,连苜蓿草捆最低的三等品要求(粗蛋白质含量要求达到 16％)也达不到。

(2)选用过瘤胃蛋白含量高的饲料品种  必要时添加过瘤胃氨基酸饲料。不同饲料的蛋白质含量和蛋白瘤胃降解率如表4-11。

表 4-11  不同饲料蛋白质含量和蛋白降解率

| 饲料名称 | 每千克饲料中粗蛋白质(克) | 粗蛋白瘤胃降解率(％) |
|---|---|---|
| 麸 皮 | 162.5 | 83.0 |
| 花生饼 | 415.7 | 70.0 |
| 山 草 | 44.4 | 66.0 |
| 苜 蓿 | 150.0 | 61.0 |
| 玉米青贮 | 55.2 | 60.5 |
| 棉 粕 | 401.8 | 58.0 |
| 豆 粕 | 474.6 | 56.0 |
| 啤酒糟 | 290.6 | 52.0 |
| 玉 米 | 97.7 | 48.0 |

**续表 4-11**

| 饲料名称 | 每千克饲料中粗蛋白质（克） | 粗蛋白瘤胃降解率（%） |
|---|---|---|
| 玉米秸 | 41.9 | 42.9 |
| DDGS | 300.0 | 42.0 |
| 玉米蛋白粉 | 246.7 | 29.0 |

（3）提高泌乳前期日粮营养浓度　刘荣昌、李英等（2010）以奶牛 NRC 和中国饲养标准为依据，从奶牛营养需要、可摄入营养、日需营养量、体能的储备分解（或沉积）、体重变化与理想体况分的关系入手，建立了分析成母牛产奶量、体重、分娩体况、产奶峰值日对奶牛泌乳前期日粮主要营养需要的模型，提出了高产奶牛泌乳前期推荐日粮营养浓度及饲喂天数简表。分析表明，以体重 600 千克、分娩体分 3.25 的荷斯坦奶牛为主体，以表 4-12 中推荐的日粮营养浓度及饲喂天数饲喂奶牛，可达到产后 10 周内体况分不低于 2.75，转换饲料（转群）时预计体况分 3.0。

**表 4-12　高产奶牛泌乳前期推荐日粮营养浓度及预计转群周**

| 305 天产奶量（吨） | 每千克绝干日粮中 | | 预计产后周转群 |
|---|---|---|---|
| | 奶牛能量单位（NND） | 粗蛋白质（克） | |
| 6.0 | 2.11 | 148 | 13 |
| 6.5 | 2.16 | 151 | 13 |
| 7.0 | 2.20 | 158 | 12 |
| 7.5 | 2.24 | 159 | 12 |
| 8.0 | 2.28 | 164 | 12 |

**续表 4-12**

| 305 天产奶量 (吨) | 每千克绝干日粮中 | | 预计产后周转群 |
|---|---|---|---|
| | 奶牛能量单位 (NND) | 粗蛋白质 (克) | |
| 8.5 | 2.32 | 168 | 11 |
| 9.0 | 2.36 | 175 | 11 |
| 9.5 | 2.40 | 176 | 10 |
| 10.0 | 2.43 | 180 | 10 |

注:因体重及分娩体况的差异,牛只转群时应以实际体况评分不低于 3.0 为准。

NRC(2001)在第 14 章关于产后母牛的营养需要量的有关表(表 14-8 等)注中写到:"泌乳早期奶牛饲粮能量含量的推荐值应该加以限定,从而防止瘤胃酸中毒的发生"。在 NRC(2001)表 14-8 中模型所用的典型饲粮组成"饲料净能"一项中,为 1.69～1.75 兆卡/千克,折合奶牛能量单位(NND)为 2.25～2.33。"在达到最高产奶量时,奶牛必须动员体能储备(体储)来满足泌乳能量需要"。表 4-12 推荐的高产奶牛泌乳前期日粮营养浓度及饲喂持续时间(预计转群周),对于 305 天产奶量 9 吨左右的牛只,基本在这一范围内;产奶量 9 吨以上的牛只,推荐的日粮营养浓度要高些,对此一定要确保适宜的精粗比,即来自粗饲料的纤维不低于标准推荐的最低值。随奶牛饲料品种的日益丰富,饲养工艺的不断改善,国内涌现了一些年产奶量超 10 吨的牛群,在各方面已取得了很好的成绩,为大面积提高单产积累了经验。

(4)严格限制日粮中的精料喂量,保证日粮营养的均衡供应 应用全混合日粮饲养技术的奶牛场,要按产奶阶段分群饲养,严格执行制定的日粮配方,当出现日粮余缺时,不可只调整其中的某些饲料用量,而应按各饲料在日粮中的比例调整,以保证日粮营养浓度不变。未采用全混合日粮技术的牛场,泌乳前期奶牛的精饲料要单独组方,泌乳期前几周的精饲料要严格限量饲喂,确保食入日粮中适宜的精粗比。精饲料限量的原则,应视粗饲料情况,根据产后周数和产奶量,使精饲料占日粮干物质的 50%～60%(具体限量参见表 4-13)。通过严格日粮中的精饲料喂量,达到避免出现的精饲料不足和精饲料过量问题,保证日粮营养的均衡供应。

表 4-13　奶牛产犊后精料限量参考值　(千克/天)

| 产奶量(千克) | | 15 | | 20 | | 25 | | 30 | | 35 | |
|---|---|---|---|---|---|---|---|---|---|---|---|
| 精料比例(%) | | 50 | 60 | 50 | 60 | 50 | 60 | 50 | 60 | 50 | 60 |
| 产后周数 | 1 | 5.5 | 6.5 | 6.1 | 7.3 | 6.7 | 8.0 | 7.3 | 8.7 | 7.9 | 9.5 |
| | 2 | 6.1 | 7.3 | 6.8 | 8.2 | 7.5 | 9.0 | 8.2 | 9.8 | 8.8 | 10.6 |
| | 3 | 6.6 | 8.0 | 7.4 | 8.9 | 8.1 | 9.8 | 8.9 | 10.7 | 9.6 | 11.6 |
| | 4 | 7.1 | 8.5 | 7.9 | 9.5 | 8.7 | 10.4 | 9.5 | 11.4 | 10.3 | 12.3 |
| | 5 | 7.5 | 9.0 | 8.3 | 10.0 | 9.1 | 11.0 | 10.0 | 12.0 | 10.8 | 13.0 |
| | 6 | 7.8 | 9.3 | 8.6 | 10.4 | 9.5 | 11.4 | 10.4 | 12.5 | 11.3 | 13.5 |
| | 7 | 8.0 | 9.6 | 8.9 | 10.7 | 9.8 | 11.9 | 10.7 | 12.9 | 11.6 | 13.9 |
| | 8 | 8.2 | 9.9 | 9.2 | 11.0 | 10.1 | 12.1 | 11.0 | 13.2 | 11.9 | 14.3 |
| | 9 | 8.4 | 10.1 | 9.3 | 11.2 | 10.3 | 12.3 | 11.2 | 13.5 | 12.2 | 14.6 |
| | 10 | 8.5 | 10.2 | 9.5 | 11.4 | 10.5 | 12.5 | 11.4 | 13.7 | 12.4 | 14.8 |

注:奶牛体重 550 千克,精料绝干物含量 90%。

# (三)影响乳脂肪含量的因素及改善措施

　　牛群中多数牛只乳脂率过低,主要原因是牛只瘤胃代谢功能异常。而日粮配制及供给方式不合理是重要原因。

## 三、牛奶质量分析

**1. 影响乳脂肪含量的因素**

(1)品种影响　见表 4-9。

(2)泌乳期影响　奶牛分娩后乳脂率的变化同乳蛋白,呈明显的"下降—上升—稳定—上升"的规律。

(3)气候的影响　冬、春季节气温较低时牛奶乳脂率较高,夏、秋季节气温较高时牛奶乳脂率较低。

(4)饲料因素的影响　饲料因素对乳脂率的影响见表 4-14。

**表 4-14　饲料因素对乳脂率的影响**

| 因　素 | 乳脂率 |
|---|---|
| 最大干物质采食量(DMI) | 增　加 |
| 增加精饲料饲喂次数 | 增 0.2%～0.3% |
| 日粮能量不足 | 很少影响 |
| 非结构性碳水化合物含量高(>45%) | 降低 1%或更多 |
| 非结构性碳水化合物含量正常(25%～40%) | 增　加 |
| 高纤维日粮 | 明显增加 |
| 低纤维日粮(中性洗涤纤维小于 26%) | 降低 1%或更多 |
| 粗饲料切短 | 降低 1%或更多 |
| 日粮粗蛋白质含量高 | 无影响 |
| 日粮粗蛋白质含量低 | 无影响 |
| 过瘤胃粗蛋白质占日粮粗蛋白质的 33%～40% | 无影响 |
| 添加脂肪(>7%～8%) | 不确定 |

**2. 提高乳脂肪含量的措施**　提高粗纤维水平,适当提高粗饲料长度。减少精饲料喂量,精饲料不要太细。日粮中添加缓冲剂。取消日粮中多余的油脂。避免饲喂发酵不正常的青贮、饲草。增

加饲喂次数。应用全混合日粮(TMR)饲喂技术,使奶牛每一口都能吃上营养平衡的日粮。尚未应用全混合日粮技术的,可将各种饲料层层平摊,人工搅拌均匀后饲喂,尽量保证瘤胃微生物正常繁殖和发酵的需要。

## (四)影响体细胞(SCC)数的因素及应对措施

**1. 体细胞升高的原因及危害**　牛奶中的体细胞有两个来源:一是来自乳腺分泌组织中的上皮细胞(也称腺细胞);二是来自与炎症进行搏斗时而死亡的白细胞。腺细胞是正常的体细胞,是乳腺进行新陈代谢过程的产物,在奶中的含量相对恒定。而白细胞是一种防卫细胞,可以杀灭感染乳腺的病菌,还可以修复损伤的组织。因此,白细胞在牛奶中的数量随奶牛的生理状态和健康水平有很大变化。

牛奶中体细胞上升有多方面原因。体细胞数随着牛的胎次(年龄)及泌乳阶段而上升;高温和高湿条件下引起的热应激,可能引起牛奶中体细胞数量的上升;母牛表现发情征状时也可能伴随体细胞上升的趋势;挤奶设备的完好程度及工作状况,如脉动频率、真空负压大小及稳定性、集乳器的通透性、橡胶奶衬的完好及柔软性等都可以影响牛奶体细胞的数量;挤奶过程的卫生状况,乳头的护理及乳头的封闭影响着细菌进入乳头的机会,同时也影响着牛奶中体细胞的数量;在没有传染源的情况下,乳房内部创伤(如挤奶机负压过大,空吸时间过长或乳房被压伤等)也可以导致牛奶中体细胞数量增加;初产母牛和管理良好的牛群可能低于10万个/毫升,由于乳腺被细菌感染出现乳房炎,使体细胞数量上升。牛奶中正常的体细胞为20万个/毫升(标准)。如果体细胞数超过25万~30万个/毫升,说明有细菌感染。也有学者认为,体细胞数超过10万个/毫升,已有隐性乳房炎发生。

国外奶业发达的国家都把体细胞数作为判断牛奶质量高低的

重要指标。当体细胞增加时,可以伴随乳蛋白率的上升和酪蛋白质含量的下降,可以使乳酪的产量随之下降,导致牛奶的货架期和风味也随之受到影响。通常从超市购买的液体鲜奶保质期为7天。与体细胞在50万个/毫升以上的生乳相比,体细胞在25万个/毫升以下的生奶经巴氏消毒,贮存14天后仍可保持较好的质量。SCC高的牛奶在冷藏期间就会有大量蛋白质被酶解破坏,导致牛奶口感和质量的改变。体细胞数对牛奶成分的影响见表4-15。

表4-15　体细胞数对牛奶成分的影响

| 牛奶成分 | 正常体细胞数牛奶（%） | 高体细胞数牛奶（%） |
| --- | --- | --- |
| 非脂干物质 | 8.9 | 8.8 |
| 乳　糖 | 4.9 | 4.4 |
| 乳　脂 | 3.5 | 3.2 |
| 总蛋白 | 3.61 | 3.65 |
| 总酪蛋白 | 2.3 | 2.3 |
| 乳清蛋白 | 0.8 | 1.3 |
| 乳铁蛋白 | 0.02 | 0.07 |
| 免疫球蛋白 | 0.1 | 0.6 |
| 钠 | 0.057 | 0.105 |
| 氯 | 0.091 | 0.147 |
| 钾 | 0.173 | 0.157 |
| 钙 | 0.12 | 0.04 |

　　引起奶牛高体细胞的最主要的临床原因为感染乳房炎、肢蹄病、子宫炎、卵巢炎、真胃变位、盲肠臌气等时的炎症反应。其中最

常见的是乳房炎,所以要降低体细胞数,关键是采取综合措施,预防和减少乳房炎的发生。

**2. 降低体细胞的措施**　就目前我国奶牛养殖水平,对 DHI 测定体细胞数在 50 万个/毫升及以上,并有临床症状的牛只必须采取治疗措施;对隐性乳房炎牛只应密切关注,并严格饲养管理的每一个环节。

(1)加强饲养管理　保持牛体卫生,经常刷拭牛体,尤其要保持牛的后躯及尾部清洁;对于环境恶劣的牛场,夏季提前剪短尾巴末端的毛;加强牛群的日常管理,避免机械损伤。实行标准化饲养,合理配制日粮;注意饲料的贮存,防发霉、变质,饮水清洁。注意母牛分娩前、后乳房的护理。牛奶中体细胞数及临床乳房炎的发生率均与奶牛的维生素 E 摄入量及血浆硒浓度呈负相关,奶牛日粮中适量添加这些抗氧化性微量养分可增强奶牛乳腺的抵抗力。加强对围产期奶牛的护理,奶牛产前要适时停乳,施行药物干奶。要及时淘汰体细胞持续偏高的奶牛。

(2)保持良好的环境卫生　高温、潮湿、肮脏的环境最易滋生多种病原菌,要维护环境的清洁、干燥,保持清洁舒适的奶牛生活环境,防止细菌的繁殖;牛场定期消毒,根据不同季节定期进行消毒和增加消毒次数,按照冬少夏多的原则制订方案,严格执行;及时清扫牛床及运动场的积水、粪便、污泥等;保持适当的饲养密度,确保牛舍、牛床设计合理,有足够的垫料,并及时更换;保证正常通风,避免空气污浊;相对保持牛群封闭状态,避免感染源的传入;每次饲喂完毕,饲槽及周围要及时清理、刷洗,以防残余饲料腐败造成污染。

(3)保持牛群健康　奶牛场全面防疫,牛群定期进行健康检查,贯彻"防重于治"的方针,对传染性疾病要定期进行预防接种。注意保护乳房,发现泌乳量下降、乳房或乳汁异常,要及时找出原因,进行对症治疗。加强乳房炎尤其是隐性乳房炎的检测与治疗;

正确治疗泌乳期的临床性乳腺炎；注意干奶期乳房炎的治疗和乳房护理；淘汰慢性感染牛。应及时隔离病牛，同时采取有效的治疗措施。对新调入的奶牛，要隔离观察，确定为无任何疾病的才能合群。

（4）规范使用和维护挤奶设备　保持挤奶器工作状态正常，机器运转不正常会使放乳不完全而损伤乳房；挤奶机械真空度不规则的变动，会将奶杯上的细菌带入乳头管内，使乳房发生炎症；真空度过高会使乳头皮肤和乳头口括约肌受损，加重乳头外翻，使乳头易受细菌感染；奶杯反复长时间的过吸或高真空度下过吸可损伤乳头内侧组织以及乳头括约肌；定期进行消毒和维护，及时更换易损零部件。患乳房炎的奶牛禁止上厅挤奶，以防交叉感染。

（5）正确的挤奶程序　严格执行挤奶操作规程，建立稳定的训练有素的挤奶员队伍，提高他们执行挤奶操作规程的自觉性。挤奶人员要温和地对待泌乳牛，挤奶前要洗净、消毒双手并擦干，按摩乳房清洗乳头。制定合理的乳头药浴程序，加强挤奶过程控制，确保两次药浴、一次干擦程序的有力执行，确保药浴液的有效碘浓度达到2 000毫克/千克。应注意经常更换消毒液，以免细菌产生耐药性而影响消毒效果。弃掉前3把奶，这一点非常重要，因为正常情况下，前3把奶中的体细胞数量很高。观察乳房有无红、肿、热症状及机械创伤，发现者不可参与机械挤奶，严防乳房炎奶进入正常乳中。

# 四、繁殖性能分析

繁殖状况是指奶牛当前所处的繁殖生理状况，如配种、妊娠、产犊、空怀等。查看这些内容，可及时了解、发现问题，及时采取相应措施。

# （一）影响繁殖性能的 DHI 相关信息

**1. 泌乳天数** 泌乳天数与产犊间隔密切相关。可以根据该项指标来检测牛群繁殖状况。

**2. 产犊间隔(天数)** 奶牛的产犊间隔是指奶牛相邻两次分娩之间的间隔天数,它是衡量奶牛繁殖力高低的一项重要指标,影响奶牛的产奶量,与经济效益有密切关系。产犊间隔是由产后空怀期和妊娠期组成,而牛的妊娠期相对稳定,所以奶牛产犊间隔的长短由产后空怀期决定。理想的奶牛产犊间隔应是一年一犊,因此产后 89 天妊娠是奶牛最理想的妊娠时间。

**3. 牛奶尿素氮** 当牛奶尿素氮(MUN)>18 毫克/100 毫升时,子宫内环境不利于胚胎着床。

# （二）影响产犊间隔的因素及改进措施

**1. 客观看待产犊间隔及泌乳天数的增加** 动物摄入的营养首先用于自身生命的基本维持需要,即必须自己要活着,这是基础需要。其次是用于生长,包括自身和后代的生长。而供后代生长,最原始的渠道就是产奶供给犊牛营养。再有富余的营养才是用于繁殖下一代。

在过去的半个世纪里,由于遗传改良、饲养改进以及其他先进技术的广泛应用,奶牛养殖业有了显著的飞跃,目前在世界范围内奶牛个体产奶量已经达到 50 年前的 2 倍之多。现在的头胎泌乳牛高峰奶为每天 40～45 千克,二胎以上的牛只高峰奶为每天 50～55 千克,并且在产后的 7 个月内能维持每天 40 千克以上产量的牛只已不鲜见。伴随产奶量的提高,出现的是世界奶牛繁殖性能整体下降的趋势。产犊间隔是奶牛繁殖性能的一项综合指标,美国 1999 年约 441 天、瑞典 2003 年约 396 天。吴俊静等收集了华中地区 2002—2008 年,6 000 多头荷斯坦奶牛的产犊、配种、产奶记录,对各项繁殖性状进行了统计分析,奶牛群体的平均产犊间隔为 466.67 天,不同产奶量区段的产犊间隔如表 4-16。

**表 4-16　305 天产奶量不同区段的产犊间隔**

| 产奶量 | 低于 4 吨 | 4～4.99 吨 | 5～5.99 吨 | 6～6.99 吨 | 7 吨及以上 |
|---|---|---|---|---|---|
| 产犊间隔(天) | 385.16 | 439.80 | 462.43 | 467.81 | 494.03 |
| 样本头数(头) | 275 | 279 | 613 | 843 | 1153 |

　　群体产犊间隔及泌乳天数到底为多少天最为合适,随产奶量提高,可能应有所修订。DHI 测定"遗传进展损失"及"胎间距过长及其损失"报告中标明最佳胎均间距为 365 天。当产奶量达到一定高度时,适当放宽产犊间隔天数,不仅是产奶量提高的必然结果,而且从饲养效益上也可能是合算的。但适当放宽产犊间隔天数,绝不意味着放任不管,必须控制在合理范围之内。目前,按照我国奶牛饲养水平,奶牛场理想的胎间距为 375～390 天。

　　**2. 调整泌乳前期日粮营养**　由于妊娠后期胎儿生长对奶牛的肠胃机械性压迫以及各种代谢信号的影响,产后干物质采食量很低,干物质采食量的增加相对产奶量上升的速度要慢得多,使采食的养分不能满足泌乳的需要。满足奶牛泌乳前期营养需要,必定要提高日粮营养浓度,就要选择营养浓度高的饲料品种,这样就会提高饲料成本,增加投入。一些奶牛场的决策者只看到了投入,而不看总收入,甚至不愿尝试一下利用新配方的总效果如何,结果,随奶牛产奶量升高,营养负平衡情况越严重。当营养透支,体况分低于 2.75 分时,将影响奶牛正常发情。泌乳前期一定要在保证适口性的前提下,尽可能多地增加日粮的营养浓度,使奶牛有一个较好的体况。必要时施行产后 7 天灌服一些适口性差但能量很高的饲料原料,如丙二醇、美加力等。调整日粮营养获得适宜的产犊间隔的同时带来整个泌乳周期产奶量的提高。

**3. 关注泌乳后期的饲养管理**　当群体产犊间隔及泌乳天数过长时,人们首先想到了奶牛泌乳前期营养负平衡,想到了泌乳前期日粮营养浓度,进而想到了奶牛干奶期体况是否影响产后体况,影响奶牛产后干物质采食量。以前认为产犊时奶牛体况控制在 3.5 分为好,新近的研究显示奶牛体况控制在 3.25 分更适宜。真正控制好奶牛干奶期体况,实际工作在产奶后期就开始了,干奶前要把牛群的膘情控制在 3.2～3.5 分,整个干奶期保持牛只不增膘也不掉膘。但目前一些牛群牛只之间产奶性能差异很大,为低产牛群日粮营养浓度的设定增加了麻烦。照顾泌乳后期中较高产牛只,或采用泌乳后期平均产奶量,均可能使一些产奶量较低的牛只干奶时过肥。泌乳后期牛群可采取接近较低的牛只营养需要的日粮,产奶量较高的牛只可推迟进入泌乳后期牛群的时间。牛只的转群应结合泌乳天数、产奶量、体况等综合因素进行。参加 DHI 测定的奶牛场,要注意牛群管理报告中的尿素氮的变化情况,一般来讲产后 210 天后的牛群,尿素氮的水平控制在 15 毫克/100 毫升以内,结合体况评分,对于体膘差的牛只个体,可适当推迟转入低产群的时间,来提高个体的体膘。

**4. 调整日粮营养及原料组成**　牛奶中尿素氮含量值大于 18 毫克/100 毫升时,不仅表明存在日粮蛋白质浪费,而且牛的受胎率可能下降,受胎率下降同样导致产犊间隔延长。应采取措施调整日粮营养及饲料原料组成(详见本章第五节有关部分)。

**5. 应用先进技术装备**　随着奶牛产奶水平的不断提高,母牛的繁殖性能也随着发生了变化,发情征状不明显、异常发情等增多,增加了发情鉴定的难度。尽量应用先进技术和设备是解决这一难题的必由之路。计步器是一个较好的选择。

有些爱运动的人们,喜欢戴个计步器,只是想知道自己每天的运动量而已。奶农给奶牛装上计步器,则可以检测奶牛是否正在发情。因为奶牛发情的时候会自觉不自觉地"掩饰"自己,有些牛只发情时除了增加活动的频率外,几乎看不出什么其他异常。而计步器的电子装置会测量奶牛行走的距离、行走的频率以及行走的速度,然后将数据传回配套的计算机。如果计算机存储的数据显示奶牛活动量骤然上升,就意味着这头奶牛正在发情,需要交配。用了这种装置后,就不用整天盯着奶牛来判断它们的发情情况。目前国内一些规模化牛场已有应用。

# 五、日粮状况分析

DHI测定项目中虽然没有日粮状况的字样。但泌乳曲线、脂蛋比、尿素氮含量、体细胞数等,都与当前的日粮状况有关。

## (一)泌乳曲线

正常的泌乳曲线是产奶高峰出现在第二泌乳月,然后下降的平滑泌乳曲线。高峰日超前、滞后、多峰曲线均为不正常曲线。造成非正常泌乳曲线日粮方面的主要原因:

第一,前一泌乳周期的日粮不合理,特别是干奶期营养不合理。干奶期营养不足,产犊时体况较差(体况分低于3分),产犊后,奶牛可能没有足够的体能储备供产奶需要,同时给配制适宜的产后日粮增加了难度;干奶期营养过剩,产犊时体况较肥(高于3.5分),也可能导致产犊后奶牛干物质采食量较低。较低的干物质采食量,比产前稍多些的体能储备对营养负平衡造成的影响可能还要大。

第二,产后日粮营养浓度偏低,应在充分考虑奶牛体重、分娩体况、产奶量的基础上,参照前述表4-12配制日粮。对于个体发现的问题,采用兽医的方法可能胜于配方的调整,最直接快捷的方法就是灌服高能物质,配合中药的调理。

第三,干物质的采食量偏低。产后奶牛的干物质采食量最关键的取决于奶牛的食欲,评判奶牛食欲的临床方法可采取根据反刍时的咀嚼次数来判断,一般来讲,当奶牛早晨上槽后,卧下或静立时的咀嚼次数达到 55 次时即可判定奶牛产后食欲正常。造成个体采食量低的原因极可能是饲料原料发霉变质、口感差等。

# (二)乳 脂 率

乳脂率低,主要是日粮精粗比不合适,精饲料品种构成不合理,饲料粒度过细,干物质采食量低。应用全混合日粮的牛场,可应用全混合日粮(TMR)颗粒筛检验。

中国农业大学 TMR 便携分析筛对泌乳牛群、干奶牛群、后备牛群的 TMR 粒度标准如表 4-17。青贮、干草的粒度、水分、搅拌时间,均会影响 TMR 筛分结果。分析筛第一层比例偏高,可以适当增加 TMR 车的搅拌时间,使干草等铡切得再细一些;第四层比例低,主要在于水分含量过高,当分级筛晃动时,饲料紧紧黏附在一起,难以分离,导致被筛分到第四层的精饲料比例降低,应降低TMR 的水分,或减少高水分饲料用量。

表 4-17　中国农业大学 TMR 便携分析筛标准

| TMR 种类 | TMR 筛分结果(%) | | | |
| --- | --- | --- | --- | --- |
| | 第一层 | 第二层 | 第三层 | 第四层 |
| 泌乳牛推荐标准 | 10~15 | 20~25 | 40~45 | 20~25 |
| 干奶牛推荐标准 | 45~50 | 15~20 | 20~25 | 7~10 |
| 后备牛推荐标准 | 50~55 | 15~20 | 20~25 | 4~7 |
| 青贮推荐标准 | 3~8 | 45~65 | 30~40 | <5 |

## （三）乳蛋白率

高纤维日粮、日粮能量不足、日粮粗蛋白质含量低、添加脂肪过多（>7%），都可能使群体乳蛋白含量过低。应有针对性地采取措施。对高产牛群，一定要选用优质饲料品种，特别是选用优质粗饲料，提高干物质采食量，选用过瘤胃蛋白含量高的饲料品种，必要时添加过瘤胃氨基酸饲料。

对于个体的乳蛋白率低，需要对个体连续几个月的测定结果进行跟踪，找出从什么时间开始降低，分析是突然发生的还是逐渐发生。对于突然发生的往往是由于疾病、转群的原因；对于逐渐发生的个体，首先要考虑发病个体占群体的比例（高、中、低产群），如果比例过大，则为日粮配方问题；比例小，则为个体问题。对于个体问题，重点观察个体的采食量、计算摄入的干物质是否达标。不达标时考虑是否上槽时牛只经常在角落中，由于供给不足造成。达标时还应检查牛的粪便，是否有过料（可在粪便中见到大量未消化的精饲料）、落地不成形或极干现象。如果是过料，提示个体的消化功能减退、瘤胃菌群失调、反刍次数降低、咀嚼次数不足等；如果是落地不成形，反映是否发生盲肠臌气、真胃或十二指肠的溃疡、间断性而呈现有规律的腹泻；极干提示热性疾病或传染性的初期。

## （四）脂蛋比

牛奶中脂肪和蛋白之比有一合理范围，荷斯坦牛的脂蛋比在1.12~1.30之间较为合适。脂蛋比过高，可能是日粮中添加了脂肪，日粮中粗蛋白质不足或可降解蛋白不足，能氮不平衡；脂蛋比过低，可能是由于日粮中精饲料太多，缺乏纤维素或粗饲料粉碎过短等。

　　中国荷斯坦奶牛平均乳脂率在3.0%～3.8%之间,如果乳脂率低于3.0%,就应该考虑到牛是否存在瘤胃酸中毒。如果奶牛体况较好,乳蛋白率正常(2.7%～3.3%),不管是处于哪一泌乳阶段,也不管产奶量高低,均意味着奶牛存在瘤胃酸中毒;若奶牛体况偏瘦,采食量较少,为泌乳前期或高产牛,乳脂率低于2.5%～3.0%,乳蛋白率低于2.5%～3.0%,则存在严重瘤胃酸中毒。产奶量对脂蛋比也有一定影响,一般随产奶量增加而增长,如表4-18。

表4-18　产奶量与脂蛋比的关系

| 日产奶量(千克) | 10 | 20 | 30 | 40 | 50 |
|---|---|---|---|---|---|
| 脂蛋比 | 1.02 | 1.08 | 1.14 | 1.20 | 1.26 |

摘自《奶牛杂志》2011,8:85。

## (五)尿素氮含量

　　牛奶中尿素氮(MUN)值过低,表明日粮蛋白质缺乏或过瘤胃蛋白含量过多;MUN值过高,可能是日粮蛋白质过高或日粮降解蛋白质过高,或日粮中的非结构性碳水化合物含量低。不同乳蛋白和乳尿素氮含量与日粮蛋白质和能量的平衡关系见表4-19。

表4-19　乳蛋白和乳尿素氮含量与日粮蛋白质和能量的平衡关系

| 乳蛋白(%) | 乳尿素氮低(<10毫克/100毫升) | 乳尿素氮适中(10～18毫克/100毫升) | 乳尿素氮高(>18毫克/100毫升) |
|---|---|---|---|
| <3.0 | 日粮蛋白质和能量均缺乏 | 日粮蛋白质平衡、能量缺乏 | 日粮蛋白质过剩、能量缺乏 |
| ≥3.0 | 日粮蛋白质缺乏、能量平衡或稍多 | 日粮蛋白质和能量均平衡 | 日粮蛋白质过剩、能量平衡或稍缺乏 |

　　NRC(2001)给出了奶牛不同生理、生产阶段瘤胃降解蛋白和

过瘤胃蛋白含量的理想值(表 4-20)。

**表 4-20　不同生理、生产阶段瘤胃降解蛋白**

**和过瘤胃蛋白含量的理想值**

| 项　目 | 6 月龄 | 12 月龄 | 18 月龄妊 90 天 | 泌乳初期 | 泌乳高峰期 | 干奶前期妊 240 | 干奶后期妊 270 | 干奶后期妊 279 |
|---|---|---|---|---|---|---|---|---|
| 日粮中 RDP% | 9.3 | 6.4 | 8.6 | 10.5 | 9.5 | 7.7 | 8.7 | 9.6 |
| 日粮中 RUP% | 3.4 | 2.9 | 0.8 | 7 | 4.6 | 2.2 | 2.1 | 2.8 |
| 粗蛋白质总量% | 12.7 | 9.3 | 9.4 | 17.5 | 14.1 | 9.9 | 10.8 | 12.4 |
| 粗蛋白质中 RDP% | 73.2 | 68.8 | 91.5 | 60.0 | 67.4 | 77.8 | 80.6 | 77.4 |
| 粗蛋白质中 RUP% | 26.8 | 31.2 | 8.5 | 40.0 | 32.6 | 22.2 | 19.4 | 22.6 |

注:RDP——瘤胃降解蛋白;RUP——瘤胃非降解蛋白。

目前,奶牛场应用尿素氮指标要考虑牛只的产奶量情况,如果群体 305 天平均单产在 8 吨左右的奶牛场,应用尿素氮指标来指导牛群管理,效果最佳。应用这个指标,首先保证奶牛场的饲草优质、日粮要全价、矿物质有效摄入、瘤胃菌群正常而合理,参考尿素氮指标来降低饲养成本和每千克牛奶的生产成本效果非常好。但是,如果不能满足以上条件的话,尿素氮指标仅仅是反映某一阶段牛采食蛋白源饲料的吸收消化情况,并不能说明奶牛群体和个体的真实需要量。经常处于低有效蛋白摄入的奶牛群,如果突然变换成优质豆粕,尿素氮会在 7 天后猛增,甚至达到 20 毫克/100 毫升,连续饲喂 1 个月时会逐渐下降,一定时期后会回归于正常。所以,对于单产水平低、粗饲料单一而不足、精饲料质量不稳定的奶牛场,尿素氮反映的只是摄入蛋白源质量的优劣和牛只消化吸收的好坏。

## （六）乳体细胞数

牛奶体细胞数直接反映的是奶牛的体液免疫和细胞免疫功能的下降。造成的原因是多方面的，日粮精粗比和营养均衡是一个重要原因。目前来讲，一是饲料中有机微量元素不足，严重影响免疫功能性元素的不足，无法及时而有效地刺激机体产生变态反应；二是奶牛没有建立起适合消化高精料日粮的瘤胃菌群，从犊牛、青年牛到高产牛的生长阶段饲养中忽略了这个问题。就像一个每天喝粥的人，突然间让他每天吃肉，那个人一定产生消化不良。目前的应对措施，一是补充有效的有机微量元素，二是增加日粮中有益菌的供给，三是考虑添加一些功能性调动免疫的添加剂。

## （七）实事求是，有的放矢，配制适合自己牛群生产性能的日粮

近几年，我国的奶牛饲养技术进步较大，特别是规模化奶牛场，单产提高较快。粗饲料品种已由原来的单一玉米秸秆到现在的玉米秸青贮、全株玉米青贮，并已使用进口优质苜蓿干草、进口全棉籽等优质饲料。即使还是玉米秸青贮，由于青贮工艺（比如粉碎长度、收获季节、压实程度）、取料环节等不断提高，提高了内在质量，减少了霉变、二次发酵等不利影响；特别是全混合日粮（TMR）饲喂方法的应用，增加了奶牛干物质采食量，改善了瘤胃环境，提高了饲料转化率。我们既要清楚地看到饲养条件、饲养技术的提高，又要看到与奶牛养殖发达国家的差距。只有客观地认识自己的进步和不足，才能实事求是，与时俱进，不断提高。要根据当地的饲草、饲料情况，充分利用当地资源，积极培育适合本地特色的奶牛个体。只有配制适合自己牛群生产性能的日

粮,才能真正实现奶牛遗传潜质和日粮营养两个方面的物尽其用,实现每生产1千克牛奶的直接生产成本降低和奶牛的使用寿命的延长。

**1. 实测奶牛体重及产奶量** 奶牛的体重,可应用平台式地秤,让奶牛站在上面进行实测,是最简单、准确的方法。犊牛、育成牛在早晨空腹进行,产奶牛在挤奶后进行。若没有地秤,可用体尺估算:

$$成母牛体重(千克)=胸围^2(米)×体斜长(米)×90$$

体重影响到维持需要量的确定。在相同产奶量,相同分娩体况分情况下、体重越大干物质采食量越大,而要求的日粮营养浓度却相应降低。305天产奶8吨的奶牛,分娩体况分都是3.25分的情况下,泌乳前期要达到同样的体况需要的日粮能量,体重550千克的牛只每千克干物质需2.31奶牛能量单位,而600千克体重的牛只每千克干物质需2.28奶牛能量单位即可。

**2. 牛群的产奶遗传潜质** 有多种途径可以知道自己牛群的产奶遗传潜质,而最现实的是参加DHI测定。在DHI报告中有一项指标为成年当量,是将各胎次产量校正到第五胎时的305天产奶量。连续参加测定多年的奶牛场可据此来排序同一头牛不同胎次的成年当量,比较随着胎次的变化其成年当量的不同,从而找出奶牛个体是否是随着胎次的增加而产奶量增加。其次可依据群内级别指数来找出某一群体对整个全体的产奶贡献率,也可以找出某一群体中某些个体贡献率最低的个体,列入淘汰观察对象。DHI报告的产奶成年当量、群内级别指数等,能基本反映牛群的产奶遗传潜质。

**3. 选择适宜的日粮标准** 人们认识自然有一个逐步深入、逐步提高、接近客观规律的过程。对奶牛营养需要也有一个逐步提高的过程,中国有了两版奶牛饲养标准,NRC已是第7版,对于成熟的先进技术一定要尽快应用于生产实践。对于国家标准要实现活学活用,始终要有一个明确的目标,就是根据国家标准使乳脂率、乳蛋白率、产奶量等生产指标实现最佳化。

(1)对奶牛泌乳前期的认识　泌乳前期牛只摄入的营养物质远远低于其产奶的营养所需,处于营养负平衡,较多的产奶量是以体重下降为代价的。这一情况随奶牛泌乳单产水平的提高,愈加严重。也就是说,这一阶段是以分解原来的营养物质沉积的体组织换来的产奶量,此时的日粮配制仍简单地考虑维持和产奶的干物质采食量和营养需要,显然是不科学的。泌乳前期必须考虑奶牛产后特殊的生理特性造成的较低的干物质采食量,采用高浓度日粮。从日粮的日常供给上保证"让料来领着奶走"。

对于高浓度日粮精粗比的标准,目前说法不一,有的说 4∶6 的精粗比例,有的说 5∶5,有的说 6∶4,甚至有的达到 7∶3。确定日粮精粗比一定要把握住三点:一是以牛能消化吸收为前提,观察粪便,必要时进行定期的实验室检验,检查有无未消化的饲料,临床上可观察粪便变稀、鼻镜变干、反刍次数减少、反刍时的咀嚼次数下降到不足 40 次等。二是观察剩料情况。三是对采食量不足的及时进行单独补饲,采取灌服等措施来提高营养浓度。泌乳前期日粮营养浓度参考表 4-21。

**表 4-21　泌乳前期产后不同周产奶量分布表及**
**应有的日粮营养浓度　(体重 550 千克)**

| 产后周数 | 1 | 2 | 3 | 4 | 5 | 6 | 7 | 8 | 9 | 10 |
|---|---|---|---|---|---|---|---|---|---|---|
| 产奶量(千克) | 20.00 | 25.00 | 28.00 | 30.00 | 31.50 | 32.00 | 32.00 | 31.50 | 31.00 | 30.50 |
| DMI(千克) | 10.91 | 13.46 | 15.46 | 17.07 | 18.41 | 19.32 | 19.95 | 20.30 | 20.55 | 20.72 |
| 奶牛能量单位(千克干物质) | 2.88 | 2.68 | 2.52 | 2.39 | 2.29 | 2.21 | 2.14 | 2.08 | 2.03 | 1.99 |
| 粗蛋白质(%) | 19.46 | 18.75 | 17.88 | 17.03 | 16.45 | 16.04 | 15.46 | 15.00 | 14.62 | 14.30 |

(2)对干奶牛日粮认识的进化 体况评分反映的是牛只个体体脂储存量的多少。较高的分娩体况分,可使配制较适宜营养浓度的前期日粮较容易些,但新近研究表明,分娩前较高体况可能使产后母牛的干物质采食量更低,反而加剧营养负平衡;奶牛分娩体况分控制在3.0～3.5分,以3.25分最有利。而之前认为3.25～3.75分为合理范围,以3.5分最合适。围产期日粮营养成为目前关注的焦点。

(3)几个饲养标准 由于我国不同牛场间饲养牛只生产性能及饲养条件的巨大差异,为目前国内奶牛饲养多标准并存提供了可能。奶牛场如何根据自身实际来选择标准,最关键的是根据DHI报告所反映出的乳脂率、乳蛋白率和产奶量等指标及变化情况,实现牛场效益最大化。产奶量较低的、未采用全混合日粮饲养技术的奶牛养殖小区多以应用中国饲养标准为主(表4-22,表4-23);产奶量较高、饲料条件优越的大型规模化奶牛场向NRC(2001)标准靠拢(表4-24);一般规模化牛场应用标准如表4-25。

**表4-22　中国饲养标准(产奶牛维持、产奶需要节选)**

| 维　持 | 日需要干物质 | | | 每千克干物质日粮 | |
|---|---|---|---|---|---|
| 体　重<br>(千克) | 干物质量<br>(千克) | 奶牛能量单位<br>(NND) | 粗蛋白质<br>(克) | 奶牛能量单位<br>(NND) | 粗蛋白质<br>(克) |
| 550 | 7.04 | 12.88 | 524 | 1.83 | 74.43 |
| 600 | 7.52 | 13.73 | 559 | 1.83 | 74.34 |
| 产　奶 | 日需要干物质 | | | 每千克干物质日粮 | |
| 1千克乳<br>(4%乳脂率) | 0.45 | 1 | 85 | 2.22 | 188.89 |

## 表 4-23  不同产奶量营养需要*

| 产奶量 (千克) | 每千克绝干日粮中 | | 日需要干物质 | | |
|---|---|---|---|---|---|
| | 奶牛能量单位 (NND) | 粗蛋白质 (克) | 干物质采食量 (千克) | 奶牛能量单位 (NND) | 粗蛋白质 (克) |
| 10.0 | 1.97 | 117.22 | 12.02 | 23.73 | 1409.00 |
| 11.0 | 1.98 | 119.81 | 12.47 | 24.73 | 1494.00 |
| 12.0 | 1.99 | 122.21 | 12.92 | 25.73 | 1579.00 |
| 13.0 | 2.00 | 124.46 | 13.37 | 26.73 | 1664.00 |
| 14.0 | 2.01 | 126.56 | 13.82 | 27.73 | 1749.00 |
| 15.0 | 2.01 | 128.52 | 14.27 | 28.73 | 1834.00 |
| 16.0 | 2.02 | 130.37 | 14.72 | 29.73 | 1919.00 |
| 17.0 | 2.03 | 132.10 | 15.17 | 30.73 | 2004.00 |
| 18.0 | 2.03 | 133.74 | 15.62 | 31.73 | 2089.00 |
| 19.0 | 2.04 | 135.28 | 16.07 | 32.73 | 2174.00 |
| 20.0 | 2.04 | 136.74 | 16.52 | 33.73 | 2259.00 |
| 21.0 | 2.05 | 138.13 | 16.97 | 34.73 | 2344.00 |
| 22.0 | 2.05 | 139.44 | 17.42 | 35.73 | 2429.00 |
| 23.0 | 2.06 | 140.68 | 17.87 | 36.73 | 2514.00 |
| 24.0 | 2.06 | 141.87 | 18.32 | 37.73 | 2599.00 |
| 25.0 | 2.06 | 142.99 | 18.77 | 38.73 | 2684.00 |
| 26.0 | 2.07 | 144.07 | 19.22 | 39.73 | 2769.00 |
| 27.0 | 2.07 | 145.09 | 19.67 | 40.73 | 2854.00 |
| 28.0 | 2.07 | 146.07 | 20.12 | 41.73 | 2939.00 |
| 29.0 | 2.08 | 147.01 | 20.57 | 42.73 | 3024.00 |
| 30.0 | 2.08 | 147.91 | 21.02 | 43.73 | 3109.00 |

**续表 4-23**

| 产奶量<br>（千克） | 每千克绝干日粮中 | | 日需要干物质 | | |
|---|---|---|---|---|---|
| | 奶牛能量单位<br>（NND） | 粗蛋白质<br>（克） | 干物质采食量<br>（千克） | 奶牛能量单位<br>（NND） | 粗蛋白质<br>（克） |
| 31.0 | 2.08 | 148.77 | 21.47 | 44.73 | 3194.00 |
| 32.0 | 2.09 | 149.59 | 21.92 | 45.73 | 3279.00 |
| 33.0 | 2.09 | 150.38 | 22.37 | 46.73 | 3364.00 |
| 34.0 | 2.09 | 151.14 | 22.82 | 47.73 | 3449.00 |
| 35.0 | 2.09 | 151.87 | 23.27 | 48.73 | 3534.00 |
| 36.0 | 2.10 | 152.57 | 23.72 | 49.73 | 3619.00 |
| 37.0 | 2.10 | 153.25 | 24.17 | 50.73 | 3704.00 |
| 38.0 | 2.10 | 153.90 | 24.62 | 51.73 | 3789.00 |
| 39.0 | 2.10 | 154.53 | 25.07 | 52.73 | 3874.00 |
| 40.0 | 2.11 | 155.13 | 25.52 | 53.73 | 3959.00 |
| 41.0 | 2.11 | 155.72 | 25.97 | 54.73 | 4044.00 |
| 42.0 | 2.11 | 156.28 | 26.42 | 55.73 | 4129.00 |
| 43.0 | 2.11 | 156.83 | 26.87 | 56.73 | 4214.00 |
| 44.0 | 2.11 | 157.36 | 27.32 | 57.73 | 4299.00 |
| 45.0 | 2.11 | 157.87 | 27.77 | 58.73 | 4384.00 |
| 46.0 | 2.12 | 158.36 | 28.22 | 59.73 | 4469.00 |
| 47.0 | 2.12 | 158.84 | 28.67 | 60.73 | 4554.00 |
| 48.0 | 2.12 | 159.31 | 29.12 | 61.73 | 4639.00 |
| 49.0 | 2.12 | 159.76 | 29.57 | 62.73 | 4724.00 |
| 50.0 | 2.12 | 160.19 | 30.02 | 63.73 | 4809.00 |

＊据表 4-22 计算的体重 600 千克成母牛各产奶量营养需要。

表 4-24　NRC(2001)奶牛饲养标准

| 项目 | | 生理及生产阶段 | | | | | | | |
|---|---|---|---|---|---|---|---|---|---|
| | | 6月龄 | 12月龄 | 18月龄妊90天 | 泌乳初期 | 泌乳高峰期 | 干奶前期 | 干奶后期 | |
| 体重(千克) | | 200 | 300 | 450 | | | | | |
| 体况评分(BCS) | | 3.0 | 3.0 | 3.0 | 3.3 | 3.0 | 3.3 | 3.3 | 3.3 |
| 产奶量(千克) | | | | | 25 | 25 | | | |
| 妊娠天数(天) | | | | | | | 240 | 270 | 279 |
| 干物质采食量(千克) | | 5.2 | 7.1 | 11.3 | 13.5 | 20.3 | 14.4 | 13.7 | 10.1 |
| 兆卡/千克 | (ME) | 2.04 | 2.38 | 1.79 | | | | | |
| | (NEL) | | | | 2.06 | 1.37 | 0.97 | 1.05 | 1.44 |
| 粗蛋白质(%) | RDP | 9.3 | 6.4 | 8.6 | 10.5 | 9.5 | 7.7 | 8.7 | 9.6 |
| | RUP | 3.4 | 2.9 | 0.8 | 7.0 | 4.6 | 2.2 | 2.1 | 2.8 |
| 纤维和碳水化合物(%) | NDF> | 30~33 | 30~33 | 30~33 | 25~33 | 25~33 | 33 | 33 | 33 |
| | ADF> | 20~21 | 20~21 | 20~21 | 17~21 | 17~21 | 21 | 21 | 21 |
| | NFC< | 34~38 | 34~38 | 34~38 | 36~44 | 36~44 | 42 | 42 | 42 |
| 矿物质 | Ca% | 0.41 | 0.41 | 0.37 | 0.74 | 0.62 | 0.44 | 0.45 | 0.48 |
| | P% | 0.28 | 0.23 | 0.18 | 0.38 | 0.32 | 0.22 | 0.23 | 0.26 |

注:ME—代谢能;NEL—产奶净能;RDP—瘤胃降解蛋白质;RUP—瘤胃非降解蛋白质;NDF—中性洗涤纤维;ADF—酸性洗涤纤维;NFC—非纤维碳水化合物;Ca—钙;P—磷,下同。

## 五、日粮状况分析

### 表 4-25 营养需要参考表[*]

| 营养水平 | 干奶牛<br>(TMR) | 高产牛<br>(TMR) | 中产牛<br>(TMR) | 低产牛<br>(TMR) | 后备牛<br>(TMR) |
|---|---|---|---|---|---|
| 干物质 DM(千克) | 13~14 | 23.6~25 | 22~23 | 19~21 | 8~10 |
| 净能 NEL<br>(兆焦/千克) | 5.77 | 7.03~<br>7.36 | 6.7~<br>7.03 | 6.28~6.7 | 5.4~5.86 |
| 奶牛能量单位(NND) | 1.84 | 2.24~<br>2.35 | 2.13~<br>2.24 | 2~2.13 | 1.73~1.87 |
| 脂肪 Fat(%DM) | 2 | 5~7 | 4~6 | 4~5 | |
| 粗蛋白质 CP(%DM) | 12~13 | 17~18 | 16~17 | 15~16 | 13~14 |
| 瘤胃降解蛋白 RDP<br>(%CP) | 70 | 62~66 | 62~66 | 62~66 | 68 |
| 瘤胃非降解蛋白 RUP<br>(%CP) | 25 | 34~38 | 34~38 | 34~38 | 32 |
| 中性洗涤纤维 NDF<br>(%DM) | 40 | 28~35 | 35~40 | 40~45 | 40~45 |
| 酸性洗涤纤维 ADF<br>(%DM) | 30 | 19 | 21 | 24 | 20~21 |
| 粗饲料提供的 NDF<br>(%DM) | 30 | 19 | 19 | 19 | |
| Ca(%DM) | 0.6 | 0.9~1 | 0.8~0.9 | 0.7~0.8 | 0.41 |
| P(%DM) | 0.26 | 0.46~0.5 | 0.42~0.5 | 0.42~0.5 | 0.28 |

[*] 2011年规模化奶牛场培训资料。

**4. 实测干物质采食量**　能量从一种形式转换成另一种形式，从一个物体传递到另一个物体,在转换和传递过程中能量的总量恒定不变。奶牛的营养需要供给来源于其食入的饲料,而饲料的品质不同影响了其适口性及饲料转化率。在对国内外多版本饲养标准的比较中,我们可以发现,对相同生理阶段及生产性能奶牛总营养需要量的描述是相近的,但日粮浓度却相差较多,进一步观察可以发现,其干物质采食量也相差较多。我国饲养标准一般干物质采食量较低,而日粮浓度则较高。我们曾对中、美营养标准做过比较(表4-26),可以看出,同一生产性能的总营养物质需要量规律不明显,但营养浓度却均比 NRC 的高。分析原因,出现这种差异主要是饲料品质不同,中国的干物质采食量低,而要食入相当的营养物质,必须提高单位营养浓度。

表4-26　产25千克奶中、美营养需要标准比较

| 日营养需要 | | | | | | 营养浓度/(千克) | | | | 标准来源 |
|---|---|---|---|---|---|---|---|---|---|---|
| 乳脂率(%) | 奶牛能量单位 | 粗蛋白质(克) | 钙(克) | 磷(克) | 干物质(千克) | 奶牛能量单位 | 粗蛋白质(克) | 钙(克) | 磷(克) | |
| 3.00 | 36.34 | 2444.00 | 136.50 | 95.00 | 16.98 | 2.14 | 143.93 | 8.04 | 5.59 | 中国体重650千克乳蛋白* |
| 3.50 | 37.84 | 2594.00 | 144.00 | 100.00 | 17.73 | 2.13 | 146.31 | 8.12 | 5.64 | |
| 4.00 | 39.59 | 2719.00 | 151.50 | 105.00 | 18.73 | 2.11 | 145.17 | 8.09 | 5.61 | |
| 3.00 | 35.87 | 2783.20 | 121.52 | 62.72 | 19.60 | 1.83 | 142.00 | 6.20 | 3.20 | 美国体重680千克乳蛋白率3.0% |
| 3.50 | 37.15 | 2821.70 | 125.86 | 64.96 | 20.30 | 1.83 | 139.00 | 6.20 | 3.20 | |
| 4.00 | 38.85 | 2877.00 | 130.20 | 67.20 | 21.00 | 1.85 | 137.00 | 6.20 | 3.20 | |

*　我国饲养标准只给出了不同乳脂率时奶牛的营养需要,而未给出不同乳蛋白时奶牛的营养需要指标。

目前国内奶牛场饲料状况差异很大,既有只用玉米秸加精饲料且精、粗饲料分别饲喂的饲养场,也有全株玉米青贮、压片玉米、进口苜蓿等优质饲料,实行全混合日粮饲喂的规模化奶牛场。饲料及饲喂状况的差异必定带来干物质采食量的不同。在饲料条件较好的规模化奶牛场,干物质采食量已有改善。所以,奶牛场一定

要实测牛只干物质采食量,才能更有针对性地决定日粮营养浓度。

**5. 日粮的适时调整** 饲养标准是针对全局的指导性文件。每一个牛场都有其特殊性,牛不一样、水不一样、土不一样、甚至风不一样,可能还有许多未知的、我们想都想不到的不一样。日粮调整的过程有一个牛对日粮逐步适应和人对事实真相的认知过程。

日粮的优劣对奶牛生产性能的影响可分三种情况表现,一是营养负平衡严重的奶牛场饲喂优质日粮后,产奶量下降一段时间后上升,乳脂率和乳蛋白率上升;二是营养平衡的奶牛场饲喂优质日粮后,常常表现为产奶量上升,而乳脂率和乳蛋白率先降后升,体细胞数下降;三是营养充足的奶牛场,饲喂较当前低水平的日粮后,由于单位日粮浓度的降低,可能导致短期内干物质采食量增加,使产奶量有所上升,而后产奶量下降,乳脂率和乳蛋白率差别不大。奶牛场营养是否平衡的判定标准,比较同一群奶牛不同胎次产奶的成年当量的高低,正常情况下,随着胎次的增加,产奶量增加,达不到者即为不平衡。

观察饲喂效果有多种途径。要尽量利用先进的可量化度量的手段对饲喂效果做出判断。首先要充分应用 DHI 测定报告,此外体况评分(表 4-27)、粪便评分(表 4-28)、TMR 分析筛也是我们评判日粮的有效工具。

表 4-27 各阶段理想体况分

| 饲养阶段 | 理想体况分 | 范 围 |
|---|---|---|
| 干奶期 | 3.25 | 3.00~3.50 |
| 产 犊 | 3.25 | 3.25~3.75 |
| 泌乳早期 | 3.00 | 2.50~3.25 |
| 泌乳中期 | 3.25 | 2.75~3.25 |
| 泌乳后期 | 3.25 | 3.00~3.50 |

### 表 4-28　牛粪稠度分值表

| 分　值 | 外观形态 | 说　明 |
|---|---|---|
| 1 | 堆状,12 厘米以上 | 患病牛和吃粗饲料的牛 |
| 2 | 堆状,5～12 厘米 | 干奶牛,日粮蛋白质水平低,纤维水平高 |
| 3 | 堆状,高度为 2.5～6.1 厘米,双层 2～4 个同心环 | 高产牛 |
| 4 | 松散,不成形 | 刚分娩的牛,吃大量鲜草 |
| 5 | 稀粥状,水样,绿色 | 牛患病,停食,吃大量鲜草 |

　　日粮调整既要调整日粮营养浓度,也要考虑饲料品种构成,综合考虑饲料原料的能量、粗蛋白质、钙、磷含量及纤维类物质、过瘤胃蛋白、氨基酸组成等状况。如当日粮基本组成为玉米时(玉米青贮、玉米粉),在提高泌乳早期产奶量方面,豆粕比玉米蛋白粉效果好得多,因为豆粕对瘤胃微生物生长更有利。

　　饲料营养构成对产奶量的影响见表 4-29。

### 表 4-29　日粮粗饲料类型及其碳水化合物组成对生产性能的影响

| 粗饲料 | 精粗比 | 碳水化合物组成(%) | | | 干物质采食量(千克/日) | 瘤胃填充量(千克) | 产奶量(千克/日) | 需额外加入豆粕量(千克/日) |
|---|---|---|---|---|---|---|---|---|
| | | NFC | NDF | ADF | | | | |
| 雀麦草 | 57∶43 | 28.3 | 44.8 | 24.9 | 18 | 90 | 29.5 | 2.36 |
| 盛花期苜蓿 | 59∶41 | 36.0 | 37.2 | 27.1 | 20 | 74 | 32 | 1.34 |
| 初花期苜蓿 | 57∶43 | 38.4 | 35.0 | 24.8 | 20 | 76 | 32.7 | 0.88 |
| 现蕾期苜蓿 | 60∶40 | 41.2 | 30.8 | 21.1 | 23 | 67 | 38 | 0.10 |
| 玉米青贮 | 60∶40 | 43.3 | 32.7 | 17.3 | 23.7 | 67 | 36 | 4.74 |

　　注:引自 Shaver 等,1988

# 第五章 DHI 报告的形式

## 一、DHI 报告的表格分类

奶牛生产性能测定,是一套完整的奶牛生产性能记录体系。其报表主要包括生产性能测定分析报告报表和其他辅助报表。

### (一)生产性能测定分析报告

分析报告应包括干奶牛报告、体细胞追踪报告、生产性能测定报告和牛群汇总管理报告(也叫牛群管理报告)等,报告格式见表5-1 至表5-4。

表5-1　干奶牛报告

| 牛号 | 胎次 | 产犊日期 | 干奶日期 | 泌乳天数(天) | 高峰乳量(千克) | 高峰日(天) | 305天产奶量(千克) | 305天乳蛋白量(千克) | 305天乳脂量(千克) | 总泌乳量(千克) |
|---|---|---|---|---|---|---|---|---|---|---|
|  |  |  |  |  |  |  |  |  |  |  |
|  |  |  |  |  |  |  |  |  |  |  |

表5-2　体细胞追踪报告

| 牛号 | 牛舍 | 胎次 | 泌乳天数(天) | 日产奶量(千克) | 本次 SCC× $10^3$个/毫升 | 前次 SCC× $10^3$个/毫升 |
|---|---|---|---|---|---|---|
|  |  |  |  |  |  |  |
|  |  |  |  |  |  |  |

## 第五章 DHI报告的形式

### 表5-3 生产性能测定报告

| 序号 | 牛号 | 牛舍号 | 测定日期 | 分娩日期 | 泌乳天数（天） | 胎次 | 日产乳量（千克） | 乳脂率（%） | 乳蛋白率（%） | 体细胞数（×10³/毫升） | 乳损失（千克） | 高峰天数（天） | 高峰产奶量（千克） | 305天产奶量（千克） | 305天乳脂量（千克） | 305天乳蛋白量（千克） |
|---|---|---|---|---|---|---|---|---|---|---|---|---|---|---|---|---|
|  |  |  |  |  |  |  |  |  |  |  |  |  |  |  |  |  |
|  |  |  |  |  |  |  |  |  |  |  |  |  |  |  |  |  |
|  |  |  |  |  |  |  |  |  |  |  |  |  |  |  |  |  |
|  |  |  |  |  |  |  |  |  |  |  |  |  |  |  |  |  |
|  |  |  |  |  |  |  |  |  |  |  |  |  |  |  |  |  |

### 表5-4 牛群汇总管理报告

| 泌乳天数（天） | 牛头数 | 百分比 | 日产奶量（千克） | 乳脂率（%） | 乳蛋白率（%） | 脂蛋比 | 体细胞数×（10³个/毫升） |
|---|---|---|---|---|---|---|---|
| <30 |  |  |  |  |  |  |  |
| 31~60 |  |  |  |  |  |  |  |
| 61~90 |  |  |  |  |  |  |  |
| 91~120 |  |  |  |  |  |  |  |
| 121~150 |  |  |  |  |  |  |  |
| 151~180 |  |  |  |  |  |  |  |
| 181~210 |  |  |  |  |  |  |  |
| 211~240 |  |  |  |  |  |  |  |
| 241~270 |  |  |  |  |  |  |  |

**续表 5-4**

| 泌乳天数（天） | 牛头数 | 百分比 | 日产奶量（千克） | 乳脂率（%） | 乳蛋白率（%） | 脂蛋比 | 体细胞数（×10³个/毫升） |
|---|---|---|---|---|---|---|---|
| 271~305 | | | | | | | |
| >305 | | | | | | | |
| 干　奶 | | | | | | | |
| 平均/合计 | | | | | | | |

# （二）其他辅助表格

DHI 报告的辅助表格对分析奶牛群的生产经营状况具有重要作用，主要包括 DHI 测定结果表、牛只分析——产奶量较低排序表、产奶量分组报告、牛只分析——产奶量较高排序表、牛只分析——产奶量下降 5 千克以上、牛只分析——脂蛋比较高、干奶报告、牛只分析——泌乳 20~120 天，体细胞大于 50 万个/毫升、牛只分析——泌乳 20~120 天，日产奶量小于 20 千克、泌乳天数分组报告、牛群分布统计表、牛群管理报告、个体泌乳曲线、全群泌乳曲线、牛只分析——体细胞上升 50 万个/毫升以上、胎次分组报告、体细胞分组报告、牛只分析——体细胞数大于 50 万个/毫升、牛只分析——体细胞数小于 50 万个/毫升、牛只分析——奶损失明细、牛只分析——产犊间隔明细、相邻 2 个月奶样分析报告对照、生产性能跟踪表、样品丢失报告、牛只分析——脂蛋比较低、综合损失统计表等。详见本章第三节。

# 二、DHI 最重要的五种表格

奶牛生产性能测定报告包括一整套的报表。在生产实践中，最重要的五种报表当属综合测定结果表、牛群综合管理报告(泌乳曲线)、体细胞大于 50 万个/毫升的牛只明细表、脂蛋比低的牛只明细表和体细胞跟踪报告。从这五个报表中,基本能够了解奶牛群的整体状况。

## (一)综合测定结果表

也称生产性能测定报告表。DHI 基础测试指标有测试日产奶量、乳脂率、乳蛋白率、体细胞数、乳糖率及总固体率。在最后形成的 DHI 报告中有 20 多个指标,这些是根据奶牛的生理特点及生物统计模型(测定日模型)统计推断出来的,通过这些指标可以更清楚地掌握当前牛群的性能表现状况,奶牛场管理者也可以从中发现生产经营的好坏。

综合测定结果表报告的主要指标有:泌乳天数、奶损失、前次体细胞数、首次体细胞数、高峰天数、高峰产奶量、305 天产奶量、305 天乳脂肪、305 天乳脂率、305 天乳蛋白质、305 天乳蛋白率、已产奶量(总奶量)、已产脂肪(总乳脂)、已产蛋白(总蛋白)、体细胞分、奶款差、经济损失、校正奶、持续力、WHI 群内级别指数、成年当量。详见表 5-5。

## (二)牛群管理报告表

以表 5-4 为基础,加上体细胞汇总的内容形成如表 5-6 的牛群管理报告表。各产奶阶段生产性能汇总报告以 30 天为 1 个阶段,汇总各阶段的奶牛头数及所占百分比、日产奶量、乳脂率、乳蛋白率、脂蛋比和体细胞数;体细胞数汇总报告以 20 万个/毫升为单位,汇总每增加 20 万个/毫升的奶牛头数及所占百分比。

## 表 5-5 DHI 综合测定结果表

牛　场：

打印日期：

（一）群内级别指数分布表

联系人：
电　话：
电子邮件：

| | 全群（%，千克） | | | 1～99 天（%，千克） | | | 100～200 天（%，千克） | | | >200 天（%，千克） | | |
|---|---|---|---|---|---|---|---|---|---|---|---|---|
| | WHI | 产奶量 | 持续力 | WHI | 产奶量 | 持续力 | WHI | 产奶量 | 持续力 | WHI | 产奶量 | 持续力 |
| 一　胎 | | | | | | | | | | | | |
| 二　胎 | | | | | | | | | | | | |
| ≥三胎 | | | | | | | | | | | | |
| 全　群 | | | | | | | | | | | | |

续表 5-5

(二)本月测定结果表,以牛群分组号分组

| 序号 | 牛生日号 | 胎次 | 产犊日期 | 产犊间隔 | 泌乳天数 | 分组号 | 本月测定(千克,%,万/毫升,元) | | | | | | | | 上次测定(千克,万个/毫升) | | | | 指标(千克,天) | | | | |
|---|---|---|---|---|---|---|---|---|---|---|---|---|---|---|---|---|---|---|---|---|---|---|---|
| | | | | | | | 采样日期 | 产奶量 | 乳脂率 | 乳蛋白率 | 脂蛋比 | 体细胞数分 | 奶款损失 | 经济校正奶损失差 | WHI | 持续力 | 奶量 | 体细胞数 | 体细胞分 | 奶损失 | 高峰奶 | 高峰日 | 305产奶量 | 总产奶量 | 总乳脂肪 | 总乳蛋白质 | 成年当量 |
| 1 | | | | | | | | | | | | | | | | | | | | | | | | | | |
| 2 | | | | | | | | | | | | | | | | | | | | | | | | | | |
| 3 | | | | | | | | | | | | | | | | | | | | | | | | | | |
| 4 | | | | | | | | | | | | | | | | | | | | | | | | | | |
| 小计 | | | | | | | | | | | | | | | | | | | | | | | | | | |
| 平均与总计 | | | | | | | | | | | | | | | | | | | | | | | | | | |

## 二、DHI 最重要的五种表格

### 表 5-6  牛群管理报告表

牛　场：　　　　　　　　　　　　　　联系人：

　　　　　　　　　　　　　　　　　　电　话：

打印日期：　　　　　　　　　　　　　电子邮件：

（一）各产奶阶段生产性能汇总报告

| 泌乳天数<br>（天） | 牛头数 | ％ | 日产奶量<br>（千克） | 乳脂率<br>（％） | 乳蛋白率<br>（％） | 脂蛋比 | 体细胞数<br>（万个/毫升） |
|---|---|---|---|---|---|---|---|
| <30 天 | | | | | | | |
| 31～60 | | | | | | | |
| 61～90 | | | | | | | |
| 91～120 | | | | | | | |
| 121～150 | | | | | | | |
| 151～180 | | | | | | | |
| 181～210 | | | | | | | |
| 211～240 | | | | | | | |
| 241～270 | | | | | | | |
| 271～305 | | | | | | | |
| >305 | | | | | | | |
| 干　奶 | | | | | | | |
| 平均/合计 | | | | | | | |

（二）体细胞数汇总报告

| 体细胞数<br>（万个/毫升） | <20 | 20～40 | 40～60 | 60～80 | 80～100 | >100 |
|---|---|---|---|---|---|---|
| 头　数 | | | | | | |
| 百分率 | | | | | | |

## （三）体细胞跟踪报告

正常情况下,牛奶中的体细胞数一般在 20 万个/毫升。当乳房受到外伤或者发生疾病(如乳房炎等)时体细胞数就会迅速增加。如果体细胞数超过 50 万个/毫升,就导致产奶量下降。测量牛奶体细胞数的变化有助于及早发现乳房损伤或感染、预防治疗乳房炎,同时还可降低治疗费用,减少牛只的淘汰,增加产奶能力。因此,体细胞数反映了牛奶产量、质量以及牛只的健康状况,也是奶牛乳房健康水平的重要标志。

一般来讲,奶牛理想的体细胞数:第一胎≤15 万个/毫升;第二胎≤25 万个/毫升;第三胎≤30 万个/毫升。影响体细胞数变化的主要因素有:病原微生物对乳腺组织感染、应激、环境、气候、泌乳天数、遗传、胎次等,其中致病菌影响最大。

表 5-7 是体细胞跟踪报告表。牛群平均体细胞数的第一道门槛是 20 万个/毫升,目标为 10 万~20 万个/毫升。奶牛乳房在感染时体细胞数会增加,如果体细胞数在 100 万个/毫升以上,就可能是临床型乳房炎。如果牛群体细胞数持续在 40 万个/毫升或以上,奶牛就可能有致病性乳房炎。如果体细胞数在短期内升高到40 万~50 万个/毫升以上,那么就可能是环境性乳房炎。应用体细胞跟踪报告,持续跟踪体细胞数高于 50 万个/毫升的奶牛,逐头对待,做到早发现早治疗,可有效预防临床乳房炎的发生,同时能降低治疗费用,减少牛只的淘汰。

## （四）干奶报告

奶牛完成一个泌乳期后的生产性能汇总表。指标有本胎次的泌乳天数、高峰产奶量、305 天产奶量、乳蛋白量、乳脂量、总泌乳量、成年当量、每月的测定日产奶量、日均产奶量和平均体细胞数。见表 5-8。

## 表 5-7 体细胞跟踪报告

牛 场：

打印日期：

联系人：
电 话：
电子邮件：

### 体细胞走势表

| | 一胎 | | | | 二胎 | | | | 三胎及以上 | | | | 全群 | | | |
|---|---|---|---|---|---|---|---|---|---|---|---|---|---|---|---|---|
| | 高体细胞 | | 低体细胞 | | 高体细胞 | | 低体细胞 | | 高体细胞 | | 低体细胞 | | 高体细胞 | | 低体细胞 | |
| | 数量 | % | 数量 | % | 数量 | % | 数量 | % | 数量 | % | 数量 | % | 数量 | % | 数量 | % |
| 上月 | | | | | | | | | | | | | | | | |
| 本月 | | | | | | | | | | | | | | | | |

备注：* 体细胞分离高于 6 分为高体细胞

### 体细胞跟踪表

| 序号 | 牛号 | 胎次 | 分组号 | 产犊日期 | 最后测定日 | 产奶天数（天） | 最后体细胞数（万个/毫升） | 最后体细胞分 | 泌乳月 1月 2月 3月 4月 5月 6月 7月 8月 9月 10月 产量/体细胞 | 干奶前后 | 体细胞图示（开始＝50万个/毫升） | 处理意见 |
|---|---|---|---|---|---|---|---|---|---|---|---|---|
| 1 | | | | | | | | | | | | |
| 2 | | | | | | | | | | | | |
| 3 | | | | | | | | | | | | |

备注：

## 表 5-8 干奶报告

牛 场：　　　　　　　　联系人：

打印日期：　　　　　　　电　话：

　　　　　　　　　　　　电子邮件：

牛只总数　　　　　干奶牛数量　　　百分比　　　平均总泌乳日（天）

| 序号 | 牛号 | 胎次 | 产犊日期 | 干奶日期 | 泌乳天数 | 高峰产奶量（千克） | 305天产奶量（千克） | 乳蛋白量（千克） | 乳脂量（千克） | 总泌乳（千克） | 成年当量（千克） | 1月 | 2月 | 3月 | 4月 | 5月 | 6月 | 7月 | 8月 | 9月 | 10月 | 最后月 | 日均产奶（千克） | 平均SCC（万个/毫升） |
|---|---|---|---|---|---|---|---|---|---|---|---|---|---|---|---|---|---|---|---|---|---|---|---|---|
| 1 | | | | | | | | | | | | | | | | | | | | | | | | |
| 2 | | | | | | | | | | | | | | | | | | | | | | | | |
| 3 | | | | | | | | | | | | | | | | | | | | | | | | |

备注：

# (五)体细胞数大于50万个/毫升的
# 牛只明细表

牛奶中的体细胞数大于 50 万个/毫升,说明该牛已患有隐性乳房炎。表 5-9 是体细胞大于 50 万个/毫升的牛只明细表,列入该表的牛只应注意隐性乳房炎的预防和治疗。

表 5-9　牛只分析——体细胞数大于 50 万个/毫升

牛　场:　　　　　　　　　联系人:

电　话:

打印日期:　　　　　　　　电子邮件:

| 牛只数量 | 体细胞数>50万个/毫升<br>牛只数量 | | | 百分比<br>(%) | | 平均体细胞数<br>(万个/毫升) | | |
|---|---|---|---|---|---|---|---|---|
| | | | | | | | | |

| 牛号 | 牛舍 | 产犊日期 | 胎次 | 本次产奶量(千克) | 采样日期 | 乳脂率(%) | 乳蛋白率(%) | 乳糖率(%) | 总固体(%) | 体细胞数(万个/毫升) | 泌乳天数 | 泌乳持续力 |
|---|---|---|---|---|---|---|---|---|---|---|---|---|
| | | | | | | | | | | | | |
| | | | | | | | | | | | | |
| | | | | | | | | | | | | |
| | | | | | | | | | | | | |
| | | | | | | | | | | | | |

备注:

# 三、其余辅助表格

奶牛生产性能测定的辅助表格有 20 多个,每个表格都有不同的含义,对正确解读 DHI 报告具有重要意义。本节只列出表格式样及一些指标的计算方法,供参考。

## (一)DHI 报告辅助表格

除前两节列出的表格外,DHI 报告一般还包括表 5-10 至表 5-31 这些表格。

**表 5-10　牛只分析——产奶量较低排序表**

牛　场:　　　　　　　　　联系人:

电　话:

打印日期:　　　　　　　　电子邮件:

| 牛只总头数 | 产奶量低头数 | 百分比 | 平均产奶量(千克) | |
|---|---|---|---|---|
| | | | | |

单位:千克、%、万个/毫升、天

| 牛号 | 牛舍 | 产犊日期 | 胎次 | 本次产奶量 | 采样日期 | 乳脂率 | 乳蛋白率 | 乳糖率 | 总固体 | 体细胞数 | 泌乳天数 | 泌乳持续力 |
|---|---|---|---|---|---|---|---|---|---|---|---|---|
| | | | | | | | | | | | | |
| | | | | | | | | | | | | |
| | | | | | | | | | | | | |
| | | | | | | | | | | | | |

备注:

# 三、其余辅助表格

## 表 5-11 产奶量分组报告

牛　场：　　　　　　　联系人：

　　　　　　　　　　　电　话：

打印日期：　　　　　　电子邮件：

低产组　日产奶量<10 千克

| 序　号 | 牛　号 | 胎　次 | 产犊日期 | 采样日期 | 棚　号 | 泌乳天数 | 日产奶(千克) |
|---|---|---|---|---|---|---|---|
| 1 | | | | | | | |
| 2 | | | | | | | |
| 3 | | | | | | | |
| 小计 | 共　头 | 平均胎次 | | | | 均　值 | 均　值 |

中产组　10 千克≤日产奶量≤30 千克

| 1 | | | | | | | |
|---|---|---|---|---|---|---|---|
| 2 | | | | | | | |
| 3 | | | | | | | |
| 小计 | 共　头 | 平均胎次 | | | | 均　值 | 均　值 |

高产组　日产奶量>30 千克

| 1 | | | | | | | |
|---|---|---|---|---|---|---|---|
| 2 | | | | | | | |
| 3 | | | | | | | |
| 小计 | 共　头 | 平均胎次 | | | | 均　值 | 均　值 |

# 第五章 DHI报告的形式

## 表5-12 牛只分析——产奶量较高排序表

牛　场：　　　　　　　　　　　联系人：

　　　　　　　　　　　　　　　电　话：

打印日期：　　　　　　　　　　电子邮件：

| 牛只总头数 | 产奶量高头数 | 百分比 | 平均产奶量（千克） | |
|---|---|---|---|---|
| | | | | |

单位：千克、%、万个/毫升、天

| 牛号 | 牛舍 | 产犊日期 | 胎次 | 本次产奶量 | 采样日期 | 乳脂率 | 乳蛋白率 | 乳糖率 | 总固体 | 体细胞数 | 泌乳天数 | 泌乳持续力 |
|---|---|---|---|---|---|---|---|---|---|---|---|---|
| | | | | | | | | | | | | |
| | | | | | | | | | | | | |

备注：

## 表5-13 牛只分析——产奶量下降5千克以上

牛　场：　　　　　　　　　　　联系人：

　　　　　　　　　　　　　　　电　话：

打印日期：　　　　　　　　　　电子邮件：

| 月份 | 牛数 | 采样日奶量（千克） | 产奶量范围 | <10千克产奶量牛数 | 体细胞数（万个/毫升） | 备注 |
|---|---|---|---|---|---|---|
| | | | | | | |

单位：千克、%、万/毫升、天

| 牛号 | 牛舍 | 产犊日期 | 胎次 | 本次产奶量 | 上次产奶量 | 奶量差 | 乳脂率 | 乳蛋白率 | 乳糖率 | 总固体 | 体细胞数 | 泌乳天数 | 泌乳持续力 |
|---|---|---|---|---|---|---|---|---|---|---|---|---|---|
| | | | | | | | | | | | | | |
| | | | | | | | | | | | | | |

备注：

# 三、其余辅助表格

## 表 5-14　牛只分析——脂蛋比较高

牛　场：　　　　　　　　　　　　　联系人：

　　　　　　　　　　　　　　　　　电　话：

打印日期：　　　　　　　　　　　　电子邮件：

| 牛只头数 | 脂蛋比高头数 | 百分比(%) | 平均脂蛋比 |
|---|---|---|---|
|  |  |  |  |

单位：千克、%、万个/毫升

| 牛号 | 牛舍 | 产犊日期 | 胎次 | 本次产奶量 | 采样日期 | 乳脂率 | 乳蛋白率 | 体细胞数 | 脂蛋比 |
|---|---|---|---|---|---|---|---|---|---|
|  |  |  |  |  |  |  |  |  |  |
|  |  |  |  |  |  |  |  |  |  |

备注：

## 表 5-15　牛只分析——脂蛋比较低

牛　场：　　　　　　　　　　　　　联系人：

　　　　　　　　　　　　　　　　　电　话：

打印日期：　　　　　　　　　　　　电子邮件：

| 牛只头数 | 脂蛋比低头数 | 百分比(%) | 平均脂蛋比 |
|---|---|---|---|
|  |  |  |  |

单位：千克、%、万个/毫升

| 牛号 | 牛舍 | 产犊日期 | 胎次 | 本次产奶量 | 采样日期 | 乳脂率 | 乳蛋白率 | 体细胞数 | 脂蛋比 |
|---|---|---|---|---|---|---|---|---|---|
|  |  |  |  |  |  |  |  |  |  |
|  |  |  |  |  |  |  |  |  |  |

备注：

第五章 DHI报告的形式

### 表 5-16 牛只分析——泌乳 20～120 天,体细胞大于 50 万个/毫升

牛 场： 　　　　　　　　　　联系人：

　　　　　　　　　　　　　　电 话：

打印日期： 　　　　　　　　电子邮件：

**泌乳天数 20～120 天的牛只情况**

| 月份 | 20～120 天牛数 | 平均泌乳天数 | 平均产量(千克) | <20 千克 | 平均体细胞数(万个/毫升) | 体细胞≥50 万个/毫升 |
|---|---|---|---|---|---|---|
| | | | | | | |

**泌乳天数 20～120 天体细胞数大于 50 万个/毫升的牛只明细**

| 牛号 | 牛舍 | 本次产奶量(千克) | 乳脂率(%) | 乳蛋白率(%) | 体细胞数(万个/毫升) | 产犊日期 | 泌乳天数 | 公牛号 |
|---|---|---|---|---|---|---|---|---|
| | | | | | | | | |
| | | | | | | | | |

### 表 5-17 牛只分析——泌乳 20～120 天,日产奶小于 20 千克

牛 场： 　　　　　　　　　　联系人：

打印日期： 　　　　　　　　电 话：

　　　　　　　　　　　　　　电子邮件：

**泌乳天数 20～120 天的牛只情况**

| 月份 | 20～120 天牛数 | 平均泌乳天数 | 平均产量(千克) | <20 千克 | 平均体细胞数(万个/毫升) | 体细胞≥50 万个/毫升 |
|---|---|---|---|---|---|---|
| | | | | | | |

**泌乳天数 20～120 天产量小于 20 千克的牛只明细**

| 牛号 | 牛舍 | 本次产奶量(千克) | 乳脂率(%) | 乳蛋白率(%) | 体细胞数(万个/毫升) | 产犊日期 | 泌乳天数 | 公牛号 |
|---|---|---|---|---|---|---|---|---|
| | | | | | | | | |

备注：

· 92 ·

# 三、其余辅助表格

## 表5-18  泌乳天数分组报告

牛　场：                      联系人：

                                    电　话：

打印日期：                  电子邮件：

泌乳天数：1~44 天

| 序号 | 牛号 | 胎次 | 棚号 | 分组号 | 产犊日期 | 采样日期 | 泌乳天数 | 日产奶（千克） | 体细胞数（万个/毫升） | 体细胞分 | 体膘 |
|---|---|---|---|---|---|---|---|---|---|---|---|
| 1 | | | | | | | | | | | |
| 2 | | | | | | | | | | | |
| 3 | | | | | | | | | | | |
| 小计 | 共 头 | | | | | | | | | | |

泌乳天数：45~99 天

| | | | | | | | | | | | |
|---|---|---|---|---|---|---|---|---|---|---|---|
| 1 | | | | | | | | | | | |
| 2 | | | | | | | | | | | |
| 3 | | | | | | | | | | | |
| 小计 | 共 头 | | | | | | | | | | |

泌乳天数：100~199 天

| | | | | | | | | | | | |
|---|---|---|---|---|---|---|---|---|---|---|---|
| 1 | | | | | | | | | | | |
| 2 | | | | | | | | | | | |
| 3 | | | | | | | | | | | |
| 小计 | 共 头 | | | | | | | | | | |

泌乳天数：200~305 天

| | | | | | | | | | | | |
|---|---|---|---|---|---|---|---|---|---|---|---|
| 1 | | | | | | | | | | | |
| 2 | | | | | | | | | | | |
| 3 | | | | | | | | | | | |
| 小计 | 共 头 | | | | | | | | | | |

**续表 5-18**

泌乳天数:305 天以上

| 序号 | 牛号 | 胎次 | 棚号 | 分组号 | 产犊日期 | 采样日期 | 泌乳天数 | 日产奶（千克） | 体细胞数（万/毫升） | 体细胞分 | 体膘 |
|---|---|---|---|---|---|---|---|---|---|---|---|
| 1 | | | | | | | | | | | |
| 2 | | | | | | | | | | | |
| 3 | | | | | | | | | | | |
| 小计 | 共　头 | | | | | | | | | | |

**表 5-19　牛群分布统计表**

牛　场:　　　　　　　　　　　联系人:

　　　　　　　　　　　　　　　电　话:

打印日期:　　　　　　　　　　电子邮件:

| （天） | 一　胎 | | | 二　胎 | | | 三胎及以上 | | | 平均与总计 | | |
|---|---|---|---|---|---|---|---|---|---|---|---|---|
| | 头数 | % | 产奶量（千克） | 头数 | % | 产奶量（千克） | 头数 | % | 产奶量（千克） | 头数 | % | 产奶量（千克） |
| 1~44 | | | | | | | | | | | | |
| 45~99 | | | | | | | | | | | | |
| 100~199 | | | | | | | | | | | | |
| 200~305 | | | | | | | | | | | | |
| 305 以上 | | | | | | | | | | | | |
| 干　奶 | | | | | | | | | | | | |
| 平均与总计 | | | | | | | | | | | | |
| 平均305天产奶 | | | | | | | | | | | | |
| 平均高峰日产奶 | | | | | | | | | | | | |

# 三、其余辅助表格

## 表5-20 个体泌乳曲线

牛　场：　　　　　　　　　　联系人：

电　话：

打印日期：　　　　　　　　　电子邮件：

单位：千克

| 牛号 | 生日 | 胎次 | 产犊日期 | 1月 | 2月 | 3月 | 4月 | 5月 | 6月 | 7月 | 8月 | 9月 | 10月 | 最后 | 305天产奶量 | 成年当量 |
|---|---|---|---|---|---|---|---|---|---|---|---|---|---|---|---|---|
|  |  |  |  |  |  |  |  |  |  |  |  |  |  |  |  |  |
|  |  |  |  |  |  |  |  |  |  |  |  |  |  |  |  |  |
|  |  |  |  |  |  |  |  |  |  |  |  |  |  |  |  |  |
|  |  |  |  |  |  |  |  |  |  |  |  |  |  |  |  |  |
|  |  |  |  |  |  |  |  |  |  |  |  |  |  |  |  |  |
|  |  |  |  |  |  |  |  |  |  |  |  |  |  |  |  |  |

备注：

## 表5-21 全群泌乳曲线

牛　场：　　　　　　　　　　联系人：

电　话：

打印日期：　　　　　　　　　电子邮件：

| 项　目 | 1月 | 2月 | 3月 | 4月 | 5月 | 6月 | 7月 | 8月 | 9月 | 10月 | 最后月 |
|---|---|---|---|---|---|---|---|---|---|---|---|
| 体细胞数（万个/毫升） |  |  |  |  |  |  |  |  |  |  |  |
| 平均产奶量（千克） |  |  |  |  |  |  |  |  |  |  |  |

备注：

第五章　DHI报告的形式

**表 5-22　牛只分析——体细胞上升 50 万个/毫升以上**

牛　场：　　　　　　　　　　　联系人：

　　　　　　　　　　　　　　　电　话：

打印日期：　　　　　　　　　　电子邮件：

| 牛只总数 | 上升>50万个/毫升牛只数量 | 百分比(%) | 平均体细胞数(万个/毫升) |
|---|---|---|---|
|  |  |  |  |

单位：千克、%、天、万个/毫升

| 牛号 | 牛舍 | 产犊日期 | 胎次 | 上次产奶量 | 本次产奶量 | 乳脂率 | 乳蛋白率 | 泌乳天数 | 上次体细胞 | 体细胞数 | 体细胞追踪 |
|---|---|---|---|---|---|---|---|---|---|---|---|
|  |  |  |  |  |  |  |  |  |  |  |  |

备注：

**表 5-23　胎次分组报告**

牛　场：　　　　　　　　　　　联系人：

　　　　　　　　　　　　　　　电　话：

打印日期：　　　　　　　　　　电子邮件：

单位：千克、万个/毫升

| 牛只总数 | 一　胎 | | | 二　胎 | | | 三胎及以上 | | |
|---|---|---|---|---|---|---|---|---|---|
|  | 数量 | 百分比 | 平均产奶量 | 数量 | 百分比 | 平均产奶量 | 数量 | 百分比 | 平均产奶量 |
|  |  |  |  |  |  |  |  |  |  |

一胎牛

| 序号 | 牛号 | 胎次 | 棚号 | 产犊日期 | 采样日期 | 泌乳天数 | 日产奶 | 体细胞数 | 体细胞分 |
|---|---|---|---|---|---|---|---|---|---|
| 1 |  |  |  |  |  |  |  |  |  |
| 2 |  |  |  |  |  |  |  |  |  |
| 小计 | 共 头 |  |  |  |  |  |  |  |  |

# 三、其余辅助表格

## 续表 5-23

二胎牛

| 序号 | 牛号 | 胎次 | 棚号 | 产犊日期 | 采样日期 | 泌乳天数 | 日产奶 | 体细胞数 | 体细胞分 |
|---|---|---|---|---|---|---|---|---|---|
| 1 | | | | | | | | | |
| 2 | | | | | | | | | |
| 小计 | 共 头 | | | | | | | | |

三胎牛

| | | | | | | | | | |
|---|---|---|---|---|---|---|---|---|---|
| 1 | | | | | | | | | |
| 2 | | | | | | | | | |
| 小计 | 共 头 | | | | | | | | |

## 表 5-24  体细胞分组报告

牛　场：　　　　　　　　　　　　　　联系人：

　　　　　　　　　　　　　　　　　　电　话：

打印日期：　　　　　　　　　　　　　电子邮件：

单位:千克、万个/毫升

低体细胞组:体细胞分＜2 分

| 序号 | 牛号 | 胎次 | 棚号 | 产犊日期 | 采样日期 | 泌乳天数 | 日产奶 | 体细胞数 | 体细胞分 |
|---|---|---|---|---|---|---|---|---|---|
| 1 | | | | | | | | | |
| 2 | | | | | | | | | |
| 小计 | 共 头 | | | | | | | | |

中体细胞组:2 分＜体细胞分≤6 分

| | | | | | | | | | |
|---|---|---|---|---|---|---|---|---|---|
| 1 | | | | | | | | | |
| 2 | | | | | | | | | |
| 小计 | 共 头 | | | | | | | | |

**续表 5-24**

| 序号 | 牛号 | 胎次 | 棚号 | 产犊日期 | 采样日期 | 泌乳天数 | 日产奶 | 体细胞数 | 体细胞分 |
|---|---|---|---|---|---|---|---|---|---|
| 高体细胞组:体细胞分＞6分 | | | | | | | | | |
| 1 | | | | | | | | | |
| 2 | | | | | | | | | |
| 小计 | 共　头 | | | | | | | | |

### 表 5-25　牛只分析——体细胞数小于50万个/毫升

牛　场：　　　　　　　　　　　　联系人：

　　　　　　　　　　　　　　　　电　话：

打印日期：　　　　　　　　　　　电子邮件：

| 牛只数量 | 体细胞＜50万个/毫升牛只数量 | 百分比（%） | 平均体细胞数（万个/毫升） |
|---|---|---|---|
| | | | |

单位:千克、%、万个/毫升

| 牛号 | 牛舍 | 产犊日期 | 胎次 | 本次产奶量 | 采样日期 | 乳脂率 | 乳蛋白率 | 乳糖率 | 总固体 | 体细胞数 | 泌乳天数 | 泌乳持续 |
|---|---|---|---|---|---|---|---|---|---|---|---|---|
| | | | | | | | | | | | | |

备注:

### 表 5-26　牛只分析——奶损失明细

牛　场：　　　　　　　　　　　　联系人：

　　　　　　　　　　　　　　　　电　话：

打印日期：　　　　　　　　　　　电子邮件：

| 牛只总数 | 奶损失牛只数量 | 百分比（%） | 平均奶损失 | 平均奶款差 | 平均经济损失 |
|---|---|---|---|---|---|
| | | | | | |

# 三、其余辅助表格

## 续表 5-26

单位:千克、%、万个/毫升、天、元

| 牛号 | 牛舍 | 产犊日期 | 胎次 | 本次产奶量 | 泌乳持续力 | 采样日期 | 乳脂率 | 乳蛋白率 | 体细胞数 | 泌乳天数 | 奶损失 | 奶款差 | 经济损失 |
|---|---|---|---|---|---|---|---|---|---|---|---|---|---|
| | | | | | | | | | | | | | |
| | | | | | | | | | | | | | |
| | | | | | | | | | | | | | |

备注:

## 表 5-27　牛只分析——产犊间隔明细

牛　场:　　　　　　　　　　联系人:

　　　　　　　　　　　　　　电　话:

打印日期:　　　　　　　　　电子邮件:

统计范围内奶牛产犊间隔

| 月份 | 牛数 | 产犊间隔 | 天数范围 | <330天牛数 | 牛数占比(%) | >450天牛数 | 牛数占比(%) | 备注 |
|---|---|---|---|---|---|---|---|---|
| | | | | | | | | |
| | | | | | | | | |

统计范围内产犊牛,间隔天数的明细(单位:%、万个/毫升、千克、天)

| 牛号 | 乳脂率 | 乳蛋白率 | 体细胞数 | 上次产犊日期 | 产犊日期 | 产犊间隔 | 公牛号 | 群号 | 奶量 | 泌乳天数 | 牛舍 | 胎次 |
|---|---|---|---|---|---|---|---|---|---|---|---|---|
| | | | | | | | | | | | | |
| | | | | | | | | | | | | |
| | | | | | | | | | | | | |
| | | | | | | | | | | | | |

备注:

## 表 5-28　相邻两个月奶样分析报告对照

牛　场：　　　　　　　　　　　　联系人：

　　　　　　　　　　　　　　　　电　话：

打印日期：　　　　　　　　　　　电子邮件：

| 12月份 | 乳脂率(%) | 乳蛋白率(%) | 乳糖率(%) | 总固体(%) | 体细胞数(万个/毫升) |
|---|---|---|---|---|---|
| 平均值 | | | | | |
| 01月份 | 乳脂率(%) | 乳蛋白率(%) | 乳糖率(%) | 总固体(%) | 体细胞数(万个/毫升) |
| 平均值 | | | | | |

备注：

## 表 5-29　生产性能跟踪表

牛　场：　　　　　　　　　　　　联系人：

　　　　　　　　　　　　　　　　电　话：

打印日期：　　　　　　　　　　　电子邮件：

单位：千克、%、万个/毫升

| 序号 | 牛号 | 出生日期 | 胎次 | 产犊日期 | 干奶日期 | 泌乳天数 | 高峰奶 | 高峰日 | 305天产奶量 | 乳蛋白量 | 乳脂量 | 总泌乳 | 成年当量 |
|---|---|---|---|---|---|---|---|---|---|---|---|---|---|
| | 测定月 | 1月 | 2月 | 3月 | 4月 | 5月 | 6月 | 7月 | 8月 | 9月 | 10月 | 最后 | |
| 1 | 日产奶量 | | | | | | | | | | | | |
| | 乳脂率 | | | | | | | | | | | | |
| | 乳蛋白率 | | | | | | | | | | | | |
| | 体细胞 | | | | | | | | | | | | |
| 2 | 日产奶量 | | | | | | | | | | | | |
| | 乳脂率 | | | | | | | | | | | | |
| | 乳蛋白率 | | | | | | | | | | | | |
| | 体细胞 | | | | | | | | | | | | |

备注：

# 三、其余辅助表格

## 表 5-30　样品丢失报告

| 牛　号 | 样品瓶号 | 缺失原因 | 备　注 |
|---|---|---|---|
| | | | |

备注：

## 表 5-31　综合损失统计表

牛　场：　　　　　　　　　　　　　　　联系人：

　　　　　　　　　　　　　　　　　　　电　话：

打印日期：　　　　　　　　　　　　　　电子邮件：

（一）牛群胎次分布比例失调及损失

| 项　目 | 一　胎 | | 二　胎 | | 三胎以上 | |
|---|---|---|---|---|---|---|
| 最佳比例（%） | 30% | | 20% | | 50% | |
| 实际比例（%） | | | | | | |
| 产奶量（千克） | | | | | | |
| 牛只头数（头） | | | | | | |
| 期望产量（千克） | | | | | | |
| 实际产量（千克） | | | | | | |
| 损失（千克） | | | | | | |

（二）高峰丢失及损失

| 项　目 | 高峰日（天） | 高峰奶（千克） |
|---|---|---|
| 预　期 | | |
| 实　际 | | |
| 差　值 | | |
| 牛头数 | | |
| 总损失 | | |

**续表 5-31**

**(三)干奶比例失调及损失**

| 项　　目 | 干奶牛 | | 泌乳牛 | |
|---|---|---|---|---|
| 预期(%) | | | | |
| 实际(%) | | | | |
| 均 305 天产奶量(千克) | | | | |
| 预期总产量(千克) | | | | |
| 实际产量(千克) | | | | |
| 损失(千克) | | | | |

**(四)均泌乳天数过长及其损失**

| 项　　目 | 表　　现 |
|---|---|
| 最佳均泌乳日(天) | |
| 实际均泌乳日(天) | |
| 差值(天) | |
| 泌乳牛头数(头) | |
| 总损失(千克) | |

**(五)遗传进展损失**

| 项　　目 | 表　　现 |
|---|---|
| 最佳均胎间距(天) | |
| 实际胎间距(天) | |
| 差值(天) | |
| 平均产犊成活率(%) | |
| 当前奶价(元) | |

**续表 5-31**

| 遗传进展总损失(元) | |
|---|---|
| (六)胎间距过长及其损失 | |

| 项  目 | 表  现 |
|---|---|
| 最佳均胎间距(天) | |
| 实际胎间距(天) | |
| 差值(天) | |
| 平均产犊成活率(%) | |
| 母犊价格(元) | |
| 泌乳牛头数(头) | |
| 牛犊总损失(元) | |

# (二)有关主要指标的计算公式设置

## 1. 校正奶

校正奶＝{(0.432×日产奶)＋[14.23×(日产奶×乳脂率)]＋
[(产奶天数－150)×0.0029]×日产奶}×胎次校正系数

胎次校正系数见表5-32。

**表 5-32  胎次校正系数**

| 胎  次 | 系  数 | 胎  次 | 系  数 |
|---|---|---|---|
| 1 | 1.064 | 5 | 0.93 |
| 2 | 1.00 | 6 | 0.95 |
| 3 | 0.958 | 7 | 0.98 |
| 4 | 0.935 | | |

## 2. 305 天产奶量

305 天产奶量＝已产奶×估计系数

估计系数见表5-33。

表5-33　估计系数

| 产奶天数<br>（天） | 第一胎 | 二胎以上 | 产奶天数<br>（天） | 第一胎 | 二胎以上 |
|---|---|---|---|---|---|
| 30 | 8.32 | 7.42 | 180 | 1.51 | 1.41 |
| 40 | 4.24 | 5.57 | 190 | 1.44 | 1.35 |
| 50 | 4.99 | 4.47 | 200 | 1.33 | 1.30 |
| 60 | 4.16 | 3.74 | 210 | 1.32 | 1.26 |
| 70 | 3.58 | 3.23 | 220 | 1.27 | 1.22 |
| 80 | 3.15 | 2.85 | 230 | 1.23 | 1.18 |
| 90 | 2.82 | 2.56 | 240 | 1.19 | 1.14 |
| 100 | 2.55 | 2.32 | 250 | 1.15 | 1.11 |
| 110 | 2.34 | 2.13 | 260 | 1.12 | 1.09 |
| 120 | 2.16 | 1.98 | 270 | 1.08 | 1.06 |
| 130 | 2.01 | 1.85 | 280 | 1.06 | 1.04 |
| 140 | 1.88 | 1.73 | 290 | 1.03 | 1.03 |
| 150 | 1.77 | 1.64 | 300 | 1.01 | 1.01 |
| 160 | 1.67 | 1.55 | | | |
| 170 | 1.58 | 1.48 | | | |

## 3. 成年当量

成年当量=305 天估计产奶量×成年当量系数

成年当量系数见表 5-34。

表 5-34　成年当量系数

| 胎　次 | 系　数 | 胎　次 | 系　数 |
|---|---|---|---|
| 1 | 1.1476 | 5 | 1.000 |
| 2 | 1.0781 | 6 | 1.0080 |
| 3 | 1.0333 | 7 | 1.0329 |
| 4 | 1.0082 | 8 | 1.0774 |

## 4. 奶损失　见表 5-35。

表 5-35　体细胞与奶损失

| 体细胞数 X(万个/毫升) | 奶损失 |
|---|---|
| X<15 | 0 |
| 15≤X<25 | 1.5×产奶量/98.5 |
| 25≤X<40 | 3.5×产奶量/96.5 |
| 40≤X<110 | 7.5×产奶量/92.5 |
| 110≤X<300 | 12.5×产奶量/87.5 |
| X>300 | 17.5×产奶量/82.5 |

## 5. 奶款差

奶款差=奶损失×当前奶价

## 6. 经济损失

$$经济损失=\frac{奶款差}{64\%}$$

**7. 高峰日丢失奶损失**

高峰日丢失奶损失＝牛群头数×理想高峰日×(实际高峰日－理想高峰日)×0.07＋牛群头数×[(实际高峰日－理想高峰日)$^2$]×0.07/2

**8. 泌乳期过长奶损失**

泌乳期过长奶损失＝泌乳牛头数×0.07×(实际平均泌乳天数－理想平均泌乳天数)×365

此损失表示牧场1年的损失。

**9. 胎次间隔过长奶损失**

胎次间隔过长奶损失＝泌乳群头数×(产犊成活率/2)×[(实际产犊间隔－理想产犊间隔)/理想产犊间隔]×母犊牛价格

计算结果单位为元,表现为损失母犊牛造成的损失。

**10. 干奶比例失衡奶损失**

干奶比例失衡奶损失＝理想泌乳周期产奶量－实际泌乳周期产奶量

理想泌乳周期产奶量＝305天产奶量平均×理想非干奶比例(85％)×牛群头数

实际泌乳周期产奶量＝305天产奶量平均×实际非干奶比例×牛群头数

**11. 体细胞分**

$$体细胞分＝\log2(体细胞数/100)＋3$$

**12. 脂蛋比**

$$脂蛋比＝\frac{乳脂率}{乳蛋白率}(取两位小数)$$

**13. 持续力**

$$持续力＝\frac{本次测定日产奶量}{前次测定日产奶量}×100％$$

**14. 干奶天数**

干奶天数＝采样日期－干奶日期

**15. 泌乳月**

$$泌乳月 = \frac{采样日期－分娩日期}{30.4}(取整)$$

**16. 产犊间隔**

产犊间隔＝本次分娩日期－上次分娩日期

**17. 泌乳天数**

泌乳天数＝采样日期－分娩日期

**18. 错误提示** 当项目录入数据数值(表 5-36)超出界限值规定时,软件提示错误。

表 5-36　数据录入界限值

| 项　　目 | 界限值 | 说　　明 |
|---|---|---|
| 泌乳天数 | 0～400 天 | 超过则认为泌乳期过长 |
| 干奶后采样间隔天数 | 0～90 天 | 干奶后超过 90 天仍未开始采样则报错 |
| 分娩体膘与干奶时最高体膘 | 3.5～4.00 | |
| 泌乳期间体膘下降 | 0～1.00 | |
| 泌乳期间最低体膘 | ＞2.50 | |

# (三)数据管理

**1. 数据录入** 用户录入时首先选择牛场,然后选择要添加的数据类别,根据弹出的对话表格进行逐条数据录入,数据录入后可以进行数据查询和修改操作。包括牛只基本资料报表(表 5-37)、测定记录表(表 5-38)、干奶牛资料表(表 5-39)、送样登记表(表 8-1,表 8-2)等。

# 第五章 DHI报告的形式

## 表5-37 牛只基本资料报表

| 牛 号 | 牛舍号 | 出生日期 | 父 号 | 母 号 | 外祖母号 | 外祖父号 | 初生重（千克） | 出生地 |
|---|---|---|---|---|---|---|---|---|
|  |  |  |  |  |  |  |  |  |
|  |  |  |  |  |  |  |  |  |
|  |  |  |  |  |  |  |  |  |
|  |  |  |  |  |  |  |  |  |
|  |  |  |  |  |  |  |  |  |

## 表5-38 测定记录表

| 牛 号 | 测定日期 | 乳脂率（%） | 乳蛋白率（%） | 体细胞数（万个/毫升） | 乳糖率（%） |
|---|---|---|---|---|---|
|  |  |  |  |  |  |
|  |  |  |  |  |  |
|  |  |  |  |  |  |
|  |  |  |  |  |  |
|  |  |  |  |  |  |

## 表5-39 干奶牛资料表

| 牛 号 | 胎 次 | 干奶日期 |
|---|---|---|
|  |  |  |
|  |  |  |
|  |  |  |
|  |  |  |
|  |  |  |

**2. 数据导入**

（1）导入软件导出的文件格式　软件自动读取文件格式，进行归类导入，与软件中已有数据进行合并，合并时对数据重复性进行验证，发现重复数据，弹出提示框，由用户选择导入方式：保留原数据、导入新数据。

（2）从外部文件进行导入

①从外来文件进行导入时可对文件中的列和软件格式对应列进行选择，保证数据对应。阴影行为系统导入数据时，调入外部文件中的第一行的数据表头，用户可结合软件中数据表格式进行对应选择。目的是方便选择数据表头，避免出现错误。

| 选择▼ | ▼ | ▼ | ▼ | ▼ | ▼ |
|---|---|---|---|---|---|
| 牛　号 | 父　号 | 母　号 | 外祖父号 | …… | …… |

②表头选择完成后，读取文件，检查数据是否重复、缺失，格式是否正确，并显示问题数据，让用户手动选择处理方法。

| 牛　号 | 父　号 | 母　号 | 外祖父号 | 出生日期 | ▼ | 原　因 | 处理方式▼ | 是否导入 |
|---|---|---|---|---|---|---|---|---|
| 1104500001 | 11196100 | 1104594190 | 401305 | 12/28/99 | … | 重复 | 保留 | √ |
| 1104500001 | 11196101 | 1104594190 | 401305 | 12/28/99 | … | 重复 | 删除 | □ |
| 1104500002 | 11196100 | 1104594190 | 401305 | | … | 出生日期缺失 | 修改 | |

如上表所示，经核实后，将数据导入软件数据库中。每次数据导入完成后将显示数据导入统计报告。

**3. 数据备份**

（1）数据备份　以时间日期命名，外加备注，由用户自行选择设定，输入备注。

（2）数据恢复　根据备份日期和备份说明选择备份项目。

（3）数据导出

①牛只基础信息导出。用户选择导出内容,可选择对某一牛场、某一地区的牛只进行筛选导出。可以由用户自己定义导出所需字段,导出格式为 Excel。

| 选择▼ | ▼ | ▼ | ▼ | ▼ | ▼ | ▼ |
|---|---|---|---|---|---|---|
| 牛　号 | 父　号 | 母　号 | 外祖父号 | 出生日期 | 出生地 | … |

②生产性能测定数据导出。在导出时由用户进行选择导出内容种类,可选择对某一牛场、某一地区的牛只的生产性能数据进行筛选导出。可以由用户自己定义导出所需的字段,导出格式为 Excel。

| 选择▼ | ▼ | ▼ | ▼ | ▼ | ▼ | ▼ |
|---|---|---|---|---|---|---|
| 牛　号 | 测定日期 | 测定日产奶量 | 乳脂率 | 乳蛋白率 | 体细胞数 | … |

③参测单位信息导出。可以导出当前参加生产性能测定的统计情况,导出格式为 Excel。

# （四）信息查询检索

**1. 牛只资料查询**　牛只资料表中所有的字段均可作为检索项目,用户输入关键词,进行查找。可查询某头牛或者某一特征牛群,并可将查询结果导出到 Excel 文件。

**2. 业务资料查询**

①可通过时间段进行查询,显示该时间段内所有参测单位的上报数据统计情况,导出 Excel 格式文件。

②根据牛场编号或者奶牛场名称选择牛场,调出该奶牛场档

案,显示出符合查询条件的企业的所有信息,可进行修改和删除,导出 Excel 格式文件。

| 参测单位 | 牛场编号 | 地址 | 邮编 | 负责人 | 电话 | 传真 | E-mail | 网址 | 修改 | 删除 |
|---|---|---|---|---|---|---|---|---|---|---|
| 三元绿荷 | | | | | | | | | 修改 | 删除 |
| 小辛庄牧场 | | | | | | | | | 修改 | 删除 |
| ... | | | | | | | | | | |

**3. 上报汇总查询** 点击后链接中国奶牛数据处理中心,查看目前全国测定情况。

# (五)生产性能测定报告

**1. 报告计算** 用户在每次软件录入或导入新数据后,软件会要求用户对数据库内数据进行计算处理,以便生成测定报告数据。可根据需要查看各种报告,在用户点击查看报告时,如果在录入新数据后以前没有进行过计算处理,则必须进行一次计算处理,然后才可以生成报告。所有报告均可以导出 Excel 和 pdf 格式文件。

**2. 生产性能测定分析报告** 软件将主要生成以下生产性能测定分析报告,分为牛只生产性能测定报告和牛群生产性能测定报告。

(1)牛只生产性能测定报告 用户在此项中可输入某牛号或选择某牛场,然后选择报告类型,制作牛只测定报告,具体报告格式如表 5-40 所示。

生产性能测定结果报告是根据实验室测得的乳脂率、乳蛋白率、体细胞数等指标以及牛只的基础信息,计算得出高峰产奶量、高峰日、305 天产奶量、成年当量等指标(需要 3 个月以上的测定信息)。

## 第五章 DHI 报告的形式

### 表 5-40 生产性能测定分析报告表

| 序 号 | 内 容 | 序 号 | 内 容 |
|:---:|---|:---:|---|
| 1 | 生产性能测定结果表 | 15 | 全群泌乳曲线图 |
| 2 | 采样记录表 | 16 | 全群体细胞数比上月上升大于 50 万个/毫升的牛只明细 |
| 3 | 产奶量低排序表 | 17 | 胎次分布图 |
| 4 | 产奶量分组报表 | 18 | 体细胞分组表 |
| 5 | 产奶量高排序表 | 19 | 体细胞跟踪表 |
| 6 | 产奶量下降 5 千克以上牛只明细表 | 20 | 体细胞数大于 50 万个/毫升明细 |
| 7 | 脂蛋比高的牛只明细表 | 21 | 体细胞数小于 50 万个/毫升明细 |
| 8 | 干奶总结表 | 22 | 体细胞引起的牛只奶损失明细 |
| 9 | 泌乳天数 20～120 天体细胞数大于 50 万个/毫升的牛只明细 | 23 | 统计范围内产犊牛,间隔天数的明细 |
| 10 | 泌乳天数 20～120 天产奶量小于 20 千克的牛只明细 | 24 | 相邻 2 个月奶样分析报告对照 |
| 11 | 泌乳天数分组表 | 25 | 生产性能测定结果表 |
| 12 | 牛群分布表 | 26 | 样品丢失表 |
| 13 | 牛群管理报告 | 27 | 脂蛋比低的牛只明细表 |
| 14 | 牛只泌乳曲线图 | 28 | 综合损失统计表 |

**体细胞跟踪报告**:对个体牛只的测定月的体细胞数进行追踪,观察牛只的体细胞发展趋势,用于及早发现牛只的隐性乳房炎并

且判断牛只乳房炎治疗的效果。

**牛只泌乳曲线图**:根据每个测定月 305 天产奶量和体细胞数制图,用于观察牛只的产奶量和体细胞数的变化趋势,可以看出牛只产奶量变化与体细胞数变化的关联性,直观,便于观察。

**干奶总结报告**:根据上报的干奶资料表和该泌乳周期的产奶量等指标,计算该奶牛的高峰产奶量、305 天产奶量、总泌乳量、成年当量等指标。

**样品丢失报告**:某测定月未上报测定数据的牛只汇总。

(2)牛群生产性能测定报告 用户在此项中可输入某奶牛场、地区和选择报告类型后,进行报告查看,具体报告格式见表 5-6。

**牛群管理报告**:是牛群各产奶阶段生产性能汇总报告和体细胞数汇总报告。

**产奶量分组报告**:按照日产奶量将牛群分组。

**体细胞分组报告**:按照体细胞数将牛群分组。

**胎次分组报告**:按照胎次将牛群分组,可以对比同一胎次的牛群的产奶量和体细胞数。

**牛群分布报告**:根据胎次、泌乳天数、产奶量三个指标统计牛群的综合分布情况。

**全群泌乳曲线图**:根据全群各个测定月的平均产奶量和平均体细胞数绘图,判断群体的体细胞数和产奶量变化趋势。

**综合损失统计报告**:由于体细胞、胎次分布比例失调、干奶比例失调、淘汰年龄过小、高峰丢失、泌乳天数过长、胎间距过长等引起的奶损失。

# 第六章　DHI 报告应用指导实例

## 一、典型应用分析方法实例一

### （一）目　的

新疆某奶牛场 2009 年 12 月至 2010 年 5 月累计参加 DHI 测定牛只 3 949 头次。通过对 DHI 报告部分指标分析，明确当前奶牛核心群生产中存在的问题，改善牛群饲养管理，以提高牛群生产性能，增加经济效益。

### （二）DHI 结果分析

**1. 牛群不同月份产奶量等基本情况分析**　对该时期牛群胎次、泌乳天数、日产奶量、峰值产奶量测定结果进行整理，其平均值见表 6-1。

**表 6-1　牛群不同月份基本情况**

| 月　份 | 胎　次 | 泌乳天数 | 日均产奶量<br>（千克） | 峰值产奶量<br>（千克） |
|---|---|---|---|---|
| 12 | 2.25 | 133.69 | 25.30 | 37.53 |
| 1 | 2.21 | 167.32 | 25.75 | 37.84 |
| 2 | 2.23 | 153.11 | 24.93 | 37.41 |

**续表 6-1**

| 月　份 | 胎　次 | 泌乳天数 | 日均产奶量<br>（千克） | 峰值产奶量<br>（千克） |
|:---:|:---:|:---:|:---:|:---:|
| 4 | 2.29 | 174.45 | 23.40 | 36.35 |
| 5 | 2.32 | 158.73 | 22.64 | 36.08 |

　　一个牛群理想的平均胎次应为 3～3.5 胎,在饲养管理条件较好的情况下,成年泌乳牛的产奶高峰胎次可达 5～6 胎。该牛群平均胎次由 2.21 胎上升到 2.32 胎,表明处于一个比较低的胎次。

　　较理想的牛群泌乳天数为 150～170 天,该牛群的泌乳天数较为均衡,表明配种繁殖工作做得比较好。

　　该测定期几个月内,牛群平均日产奶量和峰值产奶量呈下降趋势。群体在 12 月至翌年 1 月份维持较高的产奶量,2～4 月份波动较大,5 月份才趋于平稳。

　　**2. 不同月份乳成分分析**　根据 DHI 报告,对牛群主要乳成分含量等测定结果按月份进行整理,平均值见表 6-2。

**表 6-2　不同月份乳成分分析**

| 月　份 | 头　数 | 乳脂率<br>（%） | 乳蛋白率<br>（%） | 脂蛋比 | 乳糖率<br>（%） | 干物质<br>（%） |
|:---:|:---:|:---:|:---:|:---:|:---:|:---:|
| 12 | 816 | 3.45 | 3.32 | 1.04 | 5.23 | 13.02 |
| 1 | 843 | 3.54 | 3.44 | 1.03 | 5.14 | 11.82 |
| 2 | 807 | 3.47 | 3.55 | 0.98 | 5.11 | 11.47 |
| 4 | 791 | 2.76 | 3.58 | 0.77 | 4.67 | 12.61 |
| 5 | 692 | 2.39 | 3.67 | 0.65 | 5.01 | 13.02 |

　　通过表 6-2 乳脂率一栏,可以看出:①随着月份的增加,乳脂率呈现总体的下降趋势,但是下降的速度和范围超出了合理区间,

因此首先考虑牛场的采样员是否更换、采样时使用的采样器是
TRU-TEST 的流量计还是采样器或者计量瓶。如果使用流量计,
则考虑流量计的安装没有垂直于地面、漏气造成取样时中断。如
果为取样器,则考虑取样器漏气,尤其是橡胶塞的地方,更换集奶
器的橡胶接头,还有可能为取样器的分流头未与地面平行。如果
为计量瓶,则为取样时未充分混合之后就取样。②前面涉及情况
排除后,则可能为瘤胃酸中毒,查看综合测定结果表,找出符合这
一特征的牛只个体,找出最低值,如果仅有 5% 以内的比例是极
低,则个别对待;如果占到群体的 10% 以上,则考虑 TMR 配方问
题或饲料配料时的问题。

正常情况下脂蛋比为 1.12~1.30,该牛群脂蛋比随泌乳天数
增加而下降,各测定月脂蛋比均低于正常值。表明牛群日粮结构
不够合理。

奶中干物质正常值大约为 12.5%。该牛群在 1~2 月份时干
物质低于正常值,说明日粮干物质采食量欠缺,应考虑增加优质禾
本科粗饲料,增加干物质采食量。

乳糖含量变化不大,表明牛奶中乳糖含量在外界因素的影响
下变动较小。

**3. 体细胞数(SCC)与泌乳性能分析**　测定期不同月份牛奶中
体细胞数及测定日产奶量等结果见表 6-3。

表 6-3　不同月份牛奶中体细胞数及泌乳性能的变化

| 月　份 | 体细胞数<br>(万个/毫升) | 产奶量<br>(千克) | 乳脂率<br>(%) | 乳蛋白率<br>(%) | 乳脂产量<br>(千克) | 乳蛋白产量<br>(千克) |
|---|---|---|---|---|---|---|
| 12 | 81.3 | 25.30 | 3.45 | 3.32 | 0.87 | 0.84 |
| 1 | 127.5 | 25.75 | 3.54 | 3.44 | 0.91 | 0.89 |
| 2 | 242.6 | 24.93 | 3.47 | 3.55 | 0.87 | 0.89 |

**续表 6-3**

| 月　份 | 体细胞数<br>(万个/毫升) | 产奶量<br>(千克) | 乳脂率<br>(％) | 乳蛋白率<br>(％) | 乳脂产量<br>(千克) | 乳蛋白产量<br>(千克) |
|---|---|---|---|---|---|---|
| 4 | 179.4 | 23.40 | 2.76 | 3.58 | 0.65 | 0.84 |
| 5 | 174.0 | 22.64 | 2.39 | 3.67 | 0.54 | 0.83 |
| 平　均 | 161.0 | 24.40 | 3.12 | 3.51 | 0.77 | 0.86 |

　　体细胞数高,首先要找出各个月份的高体细胞数牛只个体,单独整理成表格,对比乳脂率的变化,如果这部分牛占到群体的15％以上,则可判定为饲料原料存在问题,尤其是有益菌和有机微量元素。同时,检查牛的肢蹄,可以在挤奶厅的待挤区用冷水突然冲洗牛的蹄冠,如果蹄冠红肿,突然冲洗时没有抬蹄反射,牛感觉很舒服;或者检查兽医的诊疗记录,发现肢蹄病的发病率明显上升,治愈率低,或间断发病;也可检查兽药采购记录,如果治疗肢蹄病的药物占总兽药采购量的比例过大。为了稳妥起见,查看该牛场近1～2年的体细胞跟踪报告,平均体细胞数的变化应该为低体细胞—突然间升高—低体细胞—逐渐升高到现在。综合以上即可断定:该牛场存在长期的矿物质代谢障碍引起的代谢疾病,查找原因为2年内的饲料原料的小料部分和有益菌。如果牛场留有每批进货的饲料样品,则不难判断。还有一种可能为饲料中的苏打样品监测是否合格。

　　乳脂产量和乳蛋白产量与产奶量、乳脂率变化规律相似,呈逐渐下降趋势,5月份最低。乳脂产量下降幅度大,乳蛋白产量下降幅度较小。

　　体细胞数与测定日产奶量、乳脂率、乳脂产量、乳糖、干物质及尿素氮含量存在极显著的负相关,而与乳蛋白率和乳蛋白含量无显著相关关系。

## （三）改进措施

**1. 改进饲料和营养水平**　奶牛胎次对产奶量的影响极显著，与产奶量呈正相关，即一至五胎的产奶量随着胎次的增加而上升。该牛群胎次对产奶量的影响较小，产奶牛处于一个比较低的胎次，牛群的泌乳天数稳定均衡，有较高的产奶潜力，可以不断更新牛群。而随着平均胎次的增加，日均产奶量和峰值产奶量都出现下降的趋势，一方面提示二胎以上的牛个体配种应该不太好，不能达到65％的受胎率。可以查看这部分牛的群内级别指数，其贡献率小于100。另一方面还说明饲料和营养水平有问题，主要是该场混合精料营养成分不合理，日粮中粗纤维含量不足，没有根据奶牛的不同生长和生产阶段采用不同的日粮饲喂，从而致使奶牛的遗传潜力没有得到应有的发挥。

**2. 强化日常管理、实行分群阶段饲养**　本测定时期平均日产奶量呈下降趋势，与冬、春季节气候变化有关。但是4月份和5月份的日均产奶量波动较大，说明在这两个月影响产奶量的重要原因可能是饲养管理调整方案不合理。因为4月初，该场区对全群进行口蹄疫疫苗免疫，4月底又对日粮配方进行了调整，因此免疫应激和日粮营养不合理，特别是蛋白质饲料和多汁饲料搭配不均衡影响了奶牛的产奶量。

建议：采用分阶段分群饲养法，根据不同生理阶段、不同泌乳期及产奶量严格分群，不同阶段制定不同的日粮配方，提高现代化的生产和管理水平。

对于当月日均产奶量下降超过2.1千克的牛只，要查看其前两个月份是否产奶量下降，如果下降则判断为产后护理问题。

**3. 做好营养平衡，改善牛群的营养状况**　该牛群乳脂率低于正常水平，而乳脂率和乳蛋白率反映了牛群的营养状况。如果乳脂率太低，可能是瘤胃功能不佳，存在代谢性疾病或日粮组成方面的问题。如果奶牛产后 100 天内乳脂率太低，可能是由于奶牛干奶期日粮不合理，造成产犊时膘情太差，没有足够的体脂肪可以动用。也可能是泌乳早期精饲料喂量过大，缺乏足够的粗纤维，如果日粮蛋白质中过瘤胃蛋白含量太高，也会造成这种情况。产后 120 天以后牛群平均脂蛋比如果太低，说明产奶日粮结构不够合理，精料比例过高，缺乏粗纤维。该牛群在 1 月、2 月份时乳中干物质有所下降，低于正常值 12.5%，也说明日粮营养失衡，日粮应增加优质禾本科粗饲料，增加干物质采食量。

**4. 加强乳房炎综合防控**　牛群体细胞数是卫生保健、管理水平的标志之一。该牛群平均体细胞数为 161.0 万个/毫升，维持较高的水平，体细胞数随胎次、泌乳天数的增加而上升，而且体细胞数与测定日产奶量、乳脂率、乳脂产量、乳糖、非脂固形物及尿素氮含量存在极显著的负相关。由于乳区乳腺组织受病原菌侵袭，其泌乳功能受损，直接导致奶产量降低、药费支出增加、生产成本提高，还导致牛奶成分变化，从而影响鲜奶质量和乳制品质量。所以，要从饲养管理、卫生条件、设备设施、规范操作等多方面加强对牛群乳房炎或隐性乳房炎的检测与防治。

挤奶规范操作最关键有三点：①检查药浴液的浓度，必须保证 2 000 毫克/千克的有效碘液。②制定严格的挤奶程序，先低体细胞再高体细胞的顺序依次挤奶。③保证 2 次药浴并且药浴时不交叉感染。

# 二、不理想牛场 DHI 报告分析与改进实例二

## （一）目　的

对陕西省某地两个奶牛场的 DHI 报告分析、比较，并提出解

决问题的方案。其中甲奶牛场对泌乳牛根据产奶量进行分群管理。日粮包括青贮、苜蓿、啤酒糟、精饲料,做成全混合日粮饲喂,另补饲舔砖。乙奶牛场群体规模小,难以分群细化管理,日粮包括青贮、苜蓿、精饲料,根据泌乳牛营养需要分别添加。两个奶牛场牛群结构如表6-4。

表6-4 两个奶牛场牛群结构

|  | 犊 牛 | 青年牛 | 干奶牛 | 泌乳牛 | 总存栏 |
|---|---|---|---|---|---|
| 甲 场 | 52 | 103 | 33 | 152 | 340 |
| 乙 场 | 9 | 14 | 2 | 27 | 52 |

# (二)DHI 结果分析

**1. 牛群不同月份基本情况** 由表6-5可知,这两群牛胎次都比较低,产犊间隔较长,牛群出现的产奶高峰日均大于60天,有潜在的奶量损失。

表6-5 两个奶牛场的 DHI 基本情况

|  | 月 份 | 胎 次 | 产犊间隔（天） | 泌乳天数（天） | 高峰日（天） |
|---|---|---|---|---|---|
| 甲 场 | 5 | 2.7 | 445 | 175.2 | 74.3 |
|  | 6 | 2.8 | 441 | 154.7 | 65.5 |
|  | 7 | 2.8 | 452 | 148.6 | 71.3 |
| 乙 场 | 5 | 2.2 | 476 | 191.1 | 90.4 |
|  | 6 | 2.1 | 480 | 159.2 | 85.5 |
|  | 7 | 2.1 | 481 | 172.5 | 80.5 |

## 2. 不同月份、不同胎次乳成分分析　见表 6-6。

**表 6-6　两个奶牛场 DHI 报表中相关乳成分等的群体平均值**

| | 月　份 | 乳脂率（%） | 乳蛋白率（%） | 脂蛋比 | 体细胞（万个/毫升） |
|---|---|---|---|---|---|
| 甲　场 | 5 | 3.19 | 2.73 | 1.17 | 34.6 |
| | 6 | 3.30 | 2.81 | 1.17 | 41.5 |
| | 7 | 3.37 | 2.91 | 1.16 | 59.4 |
| 乙　场 | 5 | 3.98 | 3.00 | 1.33 | 45.7 |
| | 6 | 3.71 | 2.79 | 1.33 | 48.2 |
| | 7 | 3.66 | 2.89 | 1.27 | 87.3 |

　　从表 6-6 可以看出,5～7 月份随着泌乳天数的增加,甲场的乳脂率、乳蛋白率有所上升。而乙场的乳脂率有所下降,乳蛋白率略有波动。各月份体细胞数均值总体上随泌乳天数的增加而上升,表明牛群可能患有乳房炎或隐性乳房炎,或挤奶程序存在问题。两个牛场的脂蛋比均在正常情况的 1.12～1.30 范围之内,表明奶牛日粮中过瘤胃蛋白配比合理。需要说明的是,虽然脂蛋比在正常范围内,但是甲场的乳脂率偏低。可能是瘤胃功能不佳,存在代谢性疾病或日粮组成等方面的问题。

　　**3. 奶损失计算**　奶损失是根据产奶量与体细胞数计算而得出的,根据表 5-35 公式可计算这两个奶牛场的奶损失,结果见表 6-7。

**表6-7　两个奶牛场各月份的平均奶损失**

| 月　份 | | 产奶量<br>（千克） | 体细胞<br>（万个/毫升） | 奶损失<br>（千克） | 平均奶损失<br>（元） |
|---|---|---|---|---|---|
| 甲　场 | 5 | 7552.4 | 34.6 | 273.9 | |
| | 6 | 7478.6 | 41.5 | 606.4 | 493.9 |
| | 7 | 7419.3 | 59.4 | 601.6 | |
| 乙　场 | 5 | 6410.0 | 45.7 | 519.7 | |
| | 6 | 6405.2 | 48.2 | 519.3 | 521.5 |
| | 7 | 6481.3 | 87.3 | 525.5 | |

由表6-7可知，仅由体细胞或乳房炎给两个奶牛场造成的奶量损失就相当大。其中，乙场的产奶量低而奶损失反而高，因此该场的乳房炎或隐性乳房炎对生产造成的损失更大一些。

## （三）改进措施

其一，甲场5～7月份检测的体细胞数（万个/毫升）分别为34.6、41.5、59.4，在产奶后期，体细胞数一般随泌乳天数的增加而上升。乙场同期检测的体细胞数分别为45.7、48.2、87.3，现场调查得知，该场7月份由于管理不到位，有3头牛发生乳房炎，虽积极治疗，但该月的体细胞平均数较高。随着患牛痊愈，下次该牛群的体细胞数均值应该下降。

两场的体细胞数持续高于正常水平，说明牛群患有严重的乳房炎或隐性乳房炎。实际调查发现，这两个场在挤奶中都对消毒程序执行不坚决，主要表现为药浴液浓度不足2 000毫克/千克的有效碘，药浴时交叉感染，挤后药浴未全部执行，这可能是体细胞数高的主要原因。

针对目前这两个奶牛场普遍存在的乳房炎严重的情况，提出以下建议措施,加以改进:①维持环境的干净、干燥,严格防止苍蝇等寄生性昆虫。②正确维护和使用挤奶设备,严格执行挤奶过程中的消毒程序。③平衡供应日粮,补充微量元素和矿物质,增强牛体抵抗力。④合理治疗泌乳期的临床乳房炎,并最后上厅挤奶,提高药浴液的浓度,治疗干奶牛的全部乳区,淘汰慢性感染牛。⑤结合 DHI 测定,制定维护乳房健康的计划,定期检测乳健康情况。⑥根据 DHI 测定结果,制定挤奶厅体细胞奖励措施,并加以改进。

其二,两场的产犊间隔都为 450 天左右,远远大于理想的 390 天。经调查,两场普遍存在饲料饲草品种单一、精饲料用量过高、维生素微量元素供应量不足和泌乳牛运动量不足等问题。建议两场积极对不孕牛进行治疗,对屡配不孕牛和老弱残牛加大淘汰力度。目前在一些奶牛养殖业发达的国家,淘汰率达到 25％～ 30％,牛群的淘汰率越高,单产会越高。

其三,正常情况下,泌乳高峰期到达时间为 40～60 天,而两场均大于 60 天,存在着潜在的奶量损失,泌乳高峰期的产奶潜力没有发挥出来。主要原因:干奶期膘情差、日粮结构不合理、饲料营养单一,而泌乳早期采食不足的同时,饲料营养的能量浓度低导致峰值延迟。在实际生产中奶牛场要特别注意调整日粮结构,做好干奶期、泌乳早期奶牛饲养管理工作,充分发挥牛群的产奶潜力。

其四,正常情况下,牛群的正常结构为,成年牛应占 55％～ 60％,假如在饲料成本较高的情况下,成年牛应占 60％,后备牛占 40％,后备牛中犊牛占 35％～40％;育成牛应占 30％～35％,青年牛应占 25％～35％。实际调查两个场的经营效益都不理想,其成年奶牛占群体的比例分别为 54.4％和 55.8％。所以,两个奶牛场都需要调整牛群结构,达到或接近正常比例,才能有助于牛场平稳发展,逐步提高生产效益。

# 三、奶牛场 DHI 报告分析与生产指导实例三

## （一）目　的

DHI 报告基本涵盖了所有的奶牛生产性能指标。针对山东省某奶牛场 2011 年 2 月份的 DHI 报告,对奶牛生产性能相关指标进行纵向和横向比较,如对不同月份、不同泌乳阶段、不同胎次等做对照分析。据此找出牛场管理中存在的问题,提出综合措施,指导实际生产。

## （二）DHI 结果分析

**1. 牛群整体情况**　见表 6-8。

表 6-8　全群牛整体情况统计

| 年　月 | 日单产(千克) | 乳脂率(%) | 乳蛋白率(%) | 体细胞(万个/毫升) | 体细胞评分 | 305 天产奶量(千克) | 泌乳天数(天) | 胎间距(天) | 高峰日(天) | 高峰奶(千克) |
|---|---|---|---|---|---|---|---|---|---|---|
| 2010.12 | 20.7 | 2.54 | 2.39 | 94 | 4 | 5707 | 161 | 403 | 85 | 24.7 |
| 2011.1 | 20.7 | 3.09 | 3.31 | 109 | 4 | 5950 | 167 | 410 | 82 | 25.4 |
| 2011.2 | 20.8 | 2.97 | 3.34 | 100 | 4 | 6089 | 173 | 410 | 80 | 25.8 |

（1）乳脂率　连续几个月乳脂率均低,首先考虑采样不规范,采集的奶样不具有代表性。其次考虑精饲料喂量过多或粗饲料粉碎过细。

建议:①检查采样是否严格执行操作规程,取大罐奶样进行检测做比较,必要时安装流量计。②适当减少精饲料喂量,增加优质干草的供给。

(2)体细胞数 体细胞数高,体细胞评分却在正常范围内,可能有单个牛只体细胞数过高导致牛群整体平均体细胞高。

建议:①对体细胞数超过 50 万个/毫升的牛只进行隐性乳房炎治疗,治疗药物可选择口服中药公英散配合西药肌内注射。②加强挤奶厅管理,严格挤奶程序,将体细胞较高的牛只安排在最后挤奶,防止交叉感染,同时提高药浴液的浓度。③加强牛舍和运动场粪便清理和环境消毒工作,注意卧床清洁程度和使用率。

(3)305 天产奶量(校正奶) 牛群总体 305 天预测奶量逐渐上升。说明牛群整体饲养管理水平有所改进,建议继续保持。

(4)泌乳天数和胎间距 平均泌乳天数正常,胎间距稍长,说明牛群存在轻微的繁殖问题。

建议:找出泌乳天数超过 450 天的牛只,并核对最后一次产犊日期登记是否正确;查出泌乳天数 150 天左右的牛只,检查是否配妊,可改善牛群下一胎次产犊间隔;对于胎次较大,长期难以受孕的牛只应及时治疗或淘汰;确保奶牛体况良好,提高发情鉴定的准确性和输精、助产等操作的规范性,尽量避免可导致奶牛流产的营养性、中毒性、传染性等因素的出现。最后,执行 1134 配种程序,即 GNRH 配种程序:周一下午 5 时肌内注射 GNRH;下周一下午 5 时检查黄体,有黄体后肌内注射 PG;周三下午 5 时肌内注射 GNRH;周四上午 7~9 时输精。

(5)高峰日和高峰奶 高峰日稍延迟,高峰产奶量较低。

建议:注意围产期的饲养,使奶牛产犊时有一个适宜的体况评分(3.0~3.5);提供良好的产犊环境,尽量避免产后疾病的发生;增加泌乳早期日粮能量的供给,使泌乳高峰及时到来。建议奶牛产后连续 7 天灌服能量合剂,配方为:奶牛产康 250 克、美加力 200 克、酮病康口服液 500 毫升、有益菌(如:麦克食)200 克,可有效提前高峰日,使奶牛泌乳潜力得到充分发挥。

**2. 不同泌乳阶段比较** 见表 6-9。

# 第六章　DHI 报告应用指导实例

### 表 6-9　牛只不同泌乳阶段生产性能统计

| 泌乳天数（天） | 总数 | 比例（%） | 胎次 | 泌乳天数 | 产奶量（千克） | 乳脂率（%） | 乳蛋白率(%) | 体细胞（万个/毫升） | 体细胞评分 | 305 天预计产奶量（千克） |
|---|---|---|---|---|---|---|---|---|---|---|
| ≤60 | 61 | 21.9 | 2.1 | 32 | 26.1 | 3.12 | 3.19 | 95 | 3 | 6637 |
| 61～120 | 54 | 19.4 | 2.2 | 88 | 25.1 | 2.92 | 3.20 | 105 | 3 | 6557 |
| 121～200 | 65 | 23.4 | 2.3 | 159 | 20.6 | 2.88 | 3.36 | 130 | 3 | 5760 |
| ≥201 | 98 | 35.3 | 1.9 | 316 | 15.3 | 2.98 | 3.45 | 79 | 3 | 5860 |
| 汇　总 | 278 | 100 | 2.1 | 173 | 20.8 | 2.97 | 3.34 | 100 | 3 | 6089 |

按泌乳天数分类的这 4 个泌乳阶段间,305 天预计产奶量比较显示,在牛只均衡分布的情况下,泌乳早期牛只的 305 天产奶量高于泌乳中后期牛只。说明泌乳中后期产奶量下降过快,奶牛的遗传潜力未能得以充分的发挥。

建议:注意合理分群,适时调整日粮配方,缓慢减少产奶高峰后日粮中的能量和蛋白质含量,延长高峰期所能维持的时间,避免产奶量下降过快。

**3. 不同胎次比较**　见表 6-10。

### 表 6-10　牛只不同胎次生产性能统计

| 胎次 | 总数 | 比例（%） | 泌乳天数（天） | 产奶量（千克） | 乳脂率（%） | 乳蛋白率(%) | 体细胞（万个/毫升） | 体细胞评分 | 305 天预计产奶量（千克） |
|---|---|---|---|---|---|---|---|---|---|
| 1 | 131 | 47.1 | 186 | 19.4 | 2.88 | 3.36 | 47 | 3 | 5922 |
| 2 | 63 | 22.7 | 148 | 21.4 | 2.78 | 3.31 | 168 | 4 | 5948 |
| ≥3 | 84 | 30.2 | 169 | 22.6 | 3.28 | 3.35 | 129 | 4 | 6440 |
| 汇总 | 278 | 100 | 173 | 20.8 | 2.97 | 3.34 | 100 | 3 | 6089 |

(1)胎次分布 该牛群胎次比例失调。理想情况下,各胎次牛头数比例如下:一胎占 30%,二胎占 20%,三胎以上占 50%,这样牛群不但有较高的产奶潜力和持续力,还有机会不断更新牛群。从上表可以看出,三胎以上牛只所占比例低,高产牛只淘汰率高。高产牛的遗传潜力未充分发挥即被淘汰。

建议:重点检查粗饲料、微量元素和有益菌,同时检查犊牛发育期体重,问题可能出现在 6 月龄犊牛体重不足 180～200 千克。建议从奶牛营养最基本的方面入手查找问题,同时要注意精、粗饲料的搭配,保证饲料的多元化,预防代谢病的发生;做好隐性乳房炎的预防、检测和治疗工作;加强牛场的规范化管理。

(2)体细胞数 一般来讲,经产牛体细胞数比头胎牛偏高。但偏高过多,就属于不正常。可能的原因:妊娠后期奶牛在停奶时未采取药物防治措施;围产期奶牛饲养管理存在问题;干奶期乳房炎治疗不彻底,导致乳腺组织在下一个泌乳期到来之前不能得到很好的修复。如果该场能保证犊牛出生后 4 小时内灌服经产牛初乳 4 升,那么在其分娩后的抵抗力可能提高一个层次。

建议:①犊牛出生后 4 小时灌服本场经产牛初乳。②奶牛产后连续灌服 7 天能量合剂。③对泌乳后期患乳房炎牛只先进行治疗,待临床症状消失后再干奶。④围产前期补饲富含维生素 E 和硒的苜蓿干草。⑤确保奶牛分娩时有良好的卫生环境和适宜的温度。

**4. 其 他**

(1)产奶量下降过快统计 见表 6-11。

表 6-11 产奶量下降过快牛只统计

| 头数 | 百分比(%) | 胎次 | 泌乳天数(天) | 体细胞(万个/毫升) | 上次产奶量(千克) | 本次产奶量(千克) | 平均相差(千克) | 月奶损失(千克) |
|---|---|---|---|---|---|---|---|---|
| 22 | 7.91 | 2.7 | 159 | 185 | 26.7 | 20.3 | 6.4 | 4224 |

产奶高峰日过后,正常泌乳牛平均逐日降低 0.07 千克/天(每月下降小于 2.1 千克为正常)。通过对牛只前后 2 个月日产奶量进行比较,以下降幅度超过 15%且平均相差大于 4 千克为标准,汇总出的上表反映了全群牛产奶量下降过快牛只统计情况。该牛群产奶量下降过快牛只所占比例为 7.91%,低于参考值 15%,说明牛群泌乳持续力较好。一般来讲,奶牛个体下降速度超过 4 千克,基本可判定个体发生疾病或潜在疾病的概率大,即使发生 1 头,作为技术场长来讲,也应该要求兽医进行个体诊查,找出造成的原因,采取补救措施,做到防微杜渐。

建议:为了防止产奶量下降过快牛只比例升高,在对泌乳中期牛只的饲养方面,尽可能维持泌乳早期的干物质采食量,或稍微有些下降,而以降低饲料的精粗比例和日粮的能量浓度来调节采食的营养物质的量,给牛提供品质好、适口性强的青粗饲料。此外,对产奶量下降过快牛只及时查找原因,减少日粮变更、环境变化等应激带来的奶损失,并持续跟踪体细胞数超过 50 万个/毫升的牛只。

(2)脂蛋比统计　见表 6-12。

表 6-12　脂蛋比按泌乳天数分类

| 泌乳天数 | 头　数 | 乳脂率(%) | 乳蛋白率(%) | 脂蛋比 | 是否正常 |
|---|---|---|---|---|---|
| ≤60 | 61 | 3.12 | 3.19 | 0.98 | 否 |
| 61~120 | 54 | 2.92 | 3.20 | 0.91 | 否 |
| 121~200 | 65 | 2.88 | 3.36 | 0.83 | 否 |
| ≥201 | 98 | 2.98 | 3.45 | 0.85 | 否 |
| 汇　总 | 278 | 2.97 | 3.34 | 0.88 | 否 |

正常情况下,荷斯坦牛乳脂率和乳蛋白的比值应在 1.12~

1.30。从上表可以看出,全群脂蛋比低,且表现为乳脂率低,乳蛋白正常。表明奶牛粗饲料品质差、谷物类精饲料比例大、奶牛反刍减少,日粮中缺乏纤维素类缓冲物质。

建议:增加优质粗纤维饲料的供给,如优质干草、苜蓿、甜菜渣等。

# 四、奶牛场高产牛群 DHI 报告分析实例四

## (一)目  的

某奶牛场 2012 年 7 月参加 DHI 测试的高产牛群共计 137 头。通过对 DHI 报告部分指标分析,明确当前高产牛群生产中存在的问题,改善牛群饲养管理,以提高牛群生产性能。

## (二)DHI 报告分析

### 1. 脂蛋比与乳蛋白率

(1)测定结果  脂蛋比主要反映日粮营养平衡状况及瘤胃的健康状况,全群平均乳脂率 4.24%,乳蛋白率 2.76%。脂蛋比 1.54,高于正常脂蛋比范围(1.12~1.30)。其中脂蛋比偏高的牛头数为 90 头,占参测牛群的 65.69%。其中脂蛋比大于 1.6 的有 51 头,上月为 34 头(全群)。高脂蛋比的牛群平均乳脂率 4.65%,乳蛋白率为 2.77%。其中脂蛋比大于 1.6 的牛群乳脂率为 5.54%,乳蛋白率为 2.67%,属于典型的高脂低蛋白乳。

(2)原因分析  除了考虑部分牛群脂蛋比高可能与饲料中添加过瘤胃脂肪有关外,结合本月产奶量持续下降,主要原因是热应激,干物质采食不足,瘤胃菌体蛋白合成不足,造成代谢紊乱。表 6-13 中列出部分脂蛋比过高的牛号,建议观察有无前胃弛缓症

状:采食量减少,反刍次数减少或者咀嚼运动减弱,听诊瘤胃收缩减弱,蠕动次数减少。同时,高脂蛋比牛群的平均尿素氮水平达到22.33毫克/100毫升(正常值10～18毫克/100毫升),其值过高同时伴随乳蛋白低,表示饲料蛋白过剩和能量不足,也可能是蛋白质质量不理想(杂饼氨基酸不平衡、豆粕加工方法不同影响吸收等),饲料中的粗蛋白质没有被有效利用。

表6-13 脂蛋比高的牛群明细表

| 序号 | 产犊日期 | 胎次 | 产奶量(千克) | 泌乳天数(天) | 乳脂率(%) | 乳蛋白率(%) | 体细胞数(万个/毫升) | 尿素氮(毫克/100毫升) | 脂蛋比 |
|---|---|---|---|---|---|---|---|---|---|
| 1 | 2011-12-18 | 2 | 31.4 | 199 | 5.79 | 2.90 | 13 | 22.00 | 2.00 |
| 2 | 2012-4-1 | 1 | 37.2 | 94 | 5.35 | 2.66 | 165 | 20.30 | 2.01 |
| 3 | 2012-4-1 | 1 | 32.4 | 94 | 5.57 | 2.73 | 13 | 22.60 | 2.04 |
| 4 | 2012-2-10 | 1 | 35.2 | 145 | 5.35 | 2.62 | 8 | 24.60 | 2.04 |
| 5 | 2012-2-28 | 2 | 35.4 | 127 | 5.97 | 2.85 | 25 | 21.10 | 2.09 |
| 6 | 2011-10-11 | 1 | 35.2 | 267 | 5.78 | 2.74 | 5 | 21.60 | 2.11 |
| 7 | 2012-1-30 | 1 | 27.6 | 156 | 6.18 | 2.87 | 39 | 29.20 | 2.15 |
| 8 | 2011-9-15 | 1 | 23.4 | 293 | 5.14 | 2.38 | 5 | 25.20 | 2.16 |
| 9 | 2012-5-22 | 1 | 36.0 | 43 | 5.45 | 2.50 | 191 | 19.30 | 2.18 |
| 10 | 2012-1-15 | 2 | 28.2 | 171 | 5.27 | 2.40 | 89 | 24.50 | 2.20 |
| 11 | 2011-5-1 | 1 | 46.4 | 430 | 5.01 | 2.28 | 25 | 25.30 | 2.20 |
| 12 | 2011-10-3 | 1 | 11.2 | 275 | 8.25 | 3.68 | 347 | 29.50 | 2.24 |
| 13 | 2012-6-8 | 1 | 40.8 | 26 | 5.97 | 2.63 | 38 | 18.70 | 2.27 |
| 14 | 2012-3-16 | 1 | 24.4 | 110 | 5.92 | 2.61 | 9 | 20.20 | 2.27 |
| 15 | 2012-1-8 | 1 | 20.4 | 178 | 5.96 | 2.62 | 3 | 18.80 | 2.27 |

**续表 6-13**

| 序号 | 产犊日期 | 胎次 | 产奶量(千克) | 泌乳天数(天) | 乳脂率(%) | 乳蛋白率(%) | 体细胞数(万个/毫升) | 尿素氮(毫克/100 毫升) | 脂蛋比 |
|------|----------|------|--------------|--------------|-----------|-------------|---------------------|----------------------|--------|
| 16 | 2012-1-26 | 1 | 29.6 | 160 | 5.92 | 2.54 | 7 | 27.70 | 2.33 |
| 17 | 2012-2-27 | 1 | 29.0 | 128 | 6.59 | 2.76 | 11 | 21.80 | 2.39 |
| 18 | 2011-8-31 | 1 | 28.8 | 308 | 6.71 | 2.59 | 9 | 25.60 | 2.59 |
| 19 | 2012-4-10 | 1 | 39.2 | 85 | 6.01 | 2.31 | 12 | 27.60 | 2.60 |
| 20 | 2012-1-14 | 4 | 36.0 | 172 | 6.67 | 2.57 | 3 | 25.80 | 2.60 |
| 21 | 2011-9-7 | 1 | 27.2 | 301 | 8.71 | 3.23 | 38 | 25.90 | 2.70 |
| 22 | 2011-9-24 | 1 | 25.0 | 284 | 8.50 | 2.67 | 6 | 28.30 | 3.18 |
| 23 | 2012-3-14 | 1 | 31.4 | 112 | 8.45 | 2.48 | 16 | 33.20 | 3.41 |
| 24 | 2011-5-14 | 1 | 43.6 | 417 | 8.99 | 2.25 | 7 | 33.50 | 4.00 |

(3)解决方案　该牛群最主要的问题:①瘤胃菌群失调,尤其怀疑瘤胃中微生物繁殖速度减慢,数量减少。②过瘤胃赖氨酸不平衡,要重点考察饲料原料中蛋白源问题,即豆粕是否更换,苜蓿是否变质等问题。③考虑是否更换了饲料中的有益菌或者有益菌失效。

解决措施:一是增加蛋白源中过瘤胃蛋白质的供给;二是在饲料中添加有益菌,如麦克食等类产品;三是可以考虑在饲槽中放置舔砖。

(4)问题明显牛测定结果分析与解决措施　本月脂蛋比<1的有 10 头,均是泌乳天数>100 天的高产牛,乳蛋白率平均3.03%,乳脂率平均2.53%。从表 6-14 中可以看出,是典型的低脂,蛋白正常。低脂蛋比牛群所占参测牛群的 7.3%,应考虑瘤胃功能异常,是否存在瘤胃酸中毒现象;也可能与全混合日粮(TMR)物理加工过细有关。建议提高优质粗饲料采食量,提高能量。调查本月是否存在换料及精粗比率的问题。

表6-14　脂蛋比低的牛群明细表

| 序号 | 产犊日期 | 胎次 | 本次产奶量(千克) | 泌乳天数(天) | 乳脂率(%) | 乳蛋白率(%) | 体细胞数(万个/毫升) | 尿素氮(毫克/100毫升) | 脂蛋比 |
|---|---|---|---|---|---|---|---|---|---|
| 1 | 2012-2-2 | 1 | 39.6 | 153 | 1.65 | 2.66 | 4 | 21.80 | 0.62 |
| 2 | 2012-3-19 | 1 | 34.0 | 107 | 2.13 | 2.92 | 2 | 18.00 | 0.73 |
| 3 | 2011-9-2 | 1 | 31.2 | 306 | 2.67 | 3.30 | 20 | 19.00 | 0.81 |
| 4 | 2011-12-15 | 3 | 28.4 | 202 | 2.44 | 2.95 | 20 | 20.00 | 0.83 |
| 5 | 2011-10-12 | 1 | 24.2 | 266 | 2.91 | 3.40 | 6 | 21.50 | 0.86 |
| 6 | 2011-9-1 | 1 | 14.2 | 307 | 3.08 | 3.58 | 42 | 14.90 | 0.86 |
| 7 | 2011-9-28 | 1 | 30.4 | 280 | 2.53 | 2.84 | 5 | 18.00 | 0.89 |
| 8 | 2012-1-19 | 3 | 29.6 | 167 | 2.66 | 2.99 | 3 | 20.00 | 0.89 |
| 9 | 2011-12-17 | 2 | 36.2 | 200 | 2.67 | 2.95 | 4 | 19.60 | 0.91 |
| 10 | 2012-2-5 | 2 | 38.4 | 150 | 2.59 | 2.70 | 3 | 20.70 | 0.96 |

3～7月份DHI测定乳脂率和乳蛋白率变化趋势如图6-1所示。

**2. 体细胞**

(1)测定结果　参测牛群体细胞数平均34万个/毫升,低于上月水平(37万个/毫升)。体细胞数高于50万个/毫升的有20头,占参测牛群的14.6%,平均体细胞数183万个/毫升。相比较于6月份,体细胞由正常上升至>50万个/毫升的有9头。测定结果如表6-15。

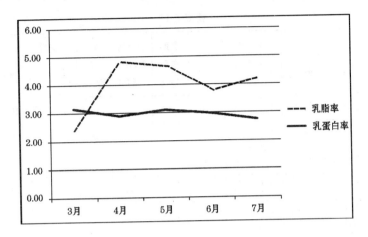

**图 6-1　3～7 月份 DHI 测定乳脂率与乳蛋白率变化趋势**

**表 6-15　体细胞数大于 50 万个/毫升的牛只明细表**

| 序号 | 产犊日期 | 胎次 | 本次产奶量（千克） | 乳脂率（%） | 乳蛋白率（%） | 体细胞数(万个/毫升) | 尿素氮（毫克/100 毫升） | 泌乳天数（天） | 持续力（%） |
|---|---|---|---|---|---|---|---|---|---|
| 1 | 2012-01-22 | 4 | 26.2 | 4.60 | 2.71 | 51 | 19.90 | 164 | |
| 2 | 2012-01-01 | 1 | 30.4 | 4.32 | 3.11 | 62 | 21.20 | 185 | 91 |
| 3 | 2012-01-05 | 1 | 28.8 | 4.82 | 3.01 | 67 | 18.10 | 181 | 91 |
| 4 | 2012-01-15 | 2 | 28.2 | 5.27 | 2.40 | 89 | 24.50 | 171 | 86 |
| 5 | 2011-10-03 | 1 | 11.2 | 8.25 | 3.68 | 347 | 29.50 | 275 | 41 |
| 6 | 2011-09-17 | 1 | 28.0 | 5.35 | 3.11 | 57 | 25.00 | 291 | 91 |
| 7 | 2012-03-05 | 1 | 26.2 | 3.36 | 2.68 | 63 | 18.90 | 121 | 84 |
| 8 | 2011-09-07 | 1 | 27.6 | 3.94 | 3.28 | 67 | 21.80 | 301 | 81 |

**续表 6-15**

| 序号 | 产犊日期 | 胎次 | 本次产奶量(千克) | 乳脂率(%) | 乳蛋白率(%) | 体细胞数(万个/毫升) | 尿素氮(毫克/100毫升) | 泌乳天数(天) | 持续力(%) |
|---|---|---|---|---|---|---|---|---|---|
| 9 | 2011-10-20 | 1 | 33.4 | 3.48 | 3.02 | 75 | 15.90 | 258 | 109 |
| 10 | 2011-08-24 | 1 | 25.8 | 4.14 | 3.19 | 101 | 18.70 | 315 | 80 |
| 11 | 2011-09-04 | 1 | 23.4 | 5.73 | 3.04 | 130 | 24.80 | 304 | 80 |
| 12 | 2012-05-22 | 1 | 36.0 | 5.45 | 2.50 | 191 | 19.30 | 43 | 145 |
| 13 | 2011-08-13 | 1 | 29.6 | 3.31 | 2.97 | 228 | 21.30 | 326 | 100 |
| 14 | 2011-12-27 | 3 | 30.8 | 3.35 | 3.00 | 90 | 20.50 | 190 | 77 |
| 15 | 2011-07-04 | 1 | 22.2 | 4.51 | 3.16 | 102 | 22.00 | 366 | 82 |
| 16 | 2012-01-10 | 2 | 33.4 | 4.65 | 2.75 | 115 | 22.80 | 176 | 79 |
| 17 | 2012-04-01 | 1 | 37.2 | 5.35 | 2.66 | 165 | 20.30 | 94 | 100 |
| 18 | 2011-12-26 | 2 | 16.0 | 3.09 | 2.88 | 329 | 10.00 | 191 | 43 |
| 19 | 2011-03-20 | 1 | 36.4 | 2.94 | 2.67 | 340 | 17.60 | 472 | D>400 |
| 20 | 2011-12-15 | 3 | 33.2 | 5.11 | 2.66 | 970 | 21.10 | 202 | 83 |

注:灰色框代表与上月相比,体细胞上升大于50万个/毫升的牛只,其中20号牛连续2个月均大于100万个/毫升,需要尽快治疗

体细胞及产奶量变化趋势如图 6-2 所示。

(2)原因分析与解决措施 夏季炎热,是隐性乳房炎高发季节,更需要勤于防治及严格规范挤奶操作。对于体细胞数>50万个/毫升的牛群,需结合泌乳天数和配种记录具体分析解决。这些体细胞数高的牛群的平均泌乳天数在231天,结合配种妊检记录,对于泌乳后期的牛群更适于干奶治疗。正常而言,体细胞数从高

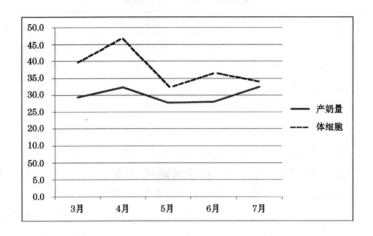

图 6-2　体细胞及产奶量变化趋势

到低规律为干奶前＞分娩前后＞泌乳高峰及中期。表中列出体细胞数＞50 万个/毫升的牛只,兽医治疗时,需结合亚临床乳房炎快速诊断剂法检测验证后,并确定具体感染乳区进行对症治疗。同时注意需要改进挤奶厅管理,遵守挤奶操作规范。

**3. 高峰日及高峰奶**

(1)测定结果　参测牛群到达最高奶量时的泌乳天数是产后 135 天,高峰奶是 38 千克,而达最高奶量的正常时间范围是产后 40～60 天。所以该参测牛群到达最高奶量时的泌乳天数过晚。

持续力反映泌乳高峰过后,产奶持续能力的指标,主要受营养因素的影响。正常情况下,头胎牛的持续力应该高于二胎以上的牛群(表 6-16)。整体而言,本次测定牛群持续力为 90.9%,基本符合标准值。

本测定群的级别指数分布见表 6-17。

表 6-16　一般持续力标准

| 胎　次 | 泌乳天数 | | |
|---|---|---|---|
| | 0～65 天 | 65～200 天 | ≥200 天 |
| 一　胎 | 106% | 96% | 92% |
| ＞一胎 | 106% | 92% | 86% |

（2）原因分析与解决措施　峰值奶量的高低直接影响胎次奶量。影响峰值日及峰值奶量的因素很多,如育成牛的饲养膘情、产前膘情、干奶期的饲养管理、产犊间隔过长、乳房炎等均可造成潜在的奶损失。另外,围产前后特别在产犊接产及母牛护理方面存在问题,如助产不当、产后子宫炎等并发症较多等,也造成高峰日推迟及高峰奶量降低,造成潜在的奶损失。峰值奶量每提高 1 千克,胎次奶就可以提高 250～400 千克,所以对峰值奶量及高峰日需要引起足够的重视。不同胎次的峰值奶正常比值在 0.76～0.79,本参测牛群的头胎牛与二胎牛峰值奶比值为 37/41.7＝0.89,头胎牛与三胎及以上牛群的峰值奶比值为 37/40.5＝0.91。一方面说明是头胎牛的产奶性能较好（从遗传改良的角度讲是合理的）,另一方面是经产牛产奶潜能未发挥出来,除了考虑疾病、热应激等因素外,干奶期膘情及围产期前后的护理和饲料配方需要重点考虑。本牛群高峰日推迟,但是持续力较好,这可能是因为牛在分娩时膘情不足或者其他原因而不能按时达到峰值,一旦采食上升到足以维持产奶时,持续力恢复。

解决本牛群该问题,需要进一步调查膘情状况,加强干奶围产期管理,提高泌乳早期营养供给水平。

**4. 平均泌乳天数**

（1）测定结果　平均泌乳天数反映了繁殖指标,显示牛群繁殖性能及产犊间隔。该指标在 150～170 天范围内比较合理。参测牛群平均 201 天,明显过高。见表 6-18。

表6-17　群内级别指数分布表

|  | 全群(%/千克) | | | 1~99天 | | | 100~200天 | | | >200天 | | |
|---|---|---|---|---|---|---|---|---|---|---|---|---|
|  | 级别指数 | 产奶量 | 持续力 | 级别指数 | 产奶量 | 持续力 | 级别指数 | 产奶量 | 持续力 | 级别指数 | 产奶量 | 持续力 |
| 一胎 | 102.48 | 32.13 | 92.53 | 84.35 | 36.94 | 104.21 | 93.71 | 32.60 | 91.57 | 122.59 | 28.99 | 86.44 |
| 二胎 | 92.95 | 33.40 | 81.60 | 82.42 | 45.60 |  | 90.66 | 32.80 | 81.40 | 113.08 | 31.20 | 82.61 |
| ≥三胎 | 89.99 | 33.84 | 86.43 | 65.22 | 43.80 | 96.41 | 85.35 | 36.13 | 86.98 | 100.31 | 29.13 | 83.88 |
| 全群 | 100.00 | 32.47 | 90.88 | 83.43 | 37.62 | 103.84 | 92.12 | 33.06 | 89.52 | 119.34 | 29.11 | 85.90 |

牛群分布比例:参测牛群头胎牛108头,二胎16头,三胎及以上15头,但是三胎的高峰日产奶量接近,理想的胎次为2.8胎。

### 表 6-18 泌乳天数过高的牛只明细表

| 牛号 | 胎次 | 产犊日期 | 泌乳天数（天） | 日产奶量（千克） | 体细胞数（万个/毫升） | 尿素氮（毫克/100 毫升） |
|---|---|---|---|---|---|---|
| 1 | 1 | 2011-9-2 | 306 | 31.2 | 20 | 19.00 |
| 2 | 1 | 2011-9-1 | 307 | 14.2 | 42 | 14.90 |
| 3 | 1 | 2011-8-31 | 308 | 28.8 | 9 | 25.60 |
| 4 | 1 | 2011-8-24 | 315 | 25.8 | 101 | 18.70 |
| 5 | 1 | 2011-8-13 | 326 | 29.6 | 228 | 21.30 |
| 6 | 1 | 2011-8-9 | 330 | 27.2 | 9 | 22.80 |
| 7 | 3 | 2011-8-2 | 337 | 19.6 | 25 | 16.90 |
| 8 | 1 | 2011-7-26 | 344 | 25.2 | 9 | 21.90 |
| 9 | 1 | 2011-7-4 | 366 | 22.2 | 102 | 22.00 |
| 10 | 1 | 2011-5-14 | 417 | 43.6 | 7 | 33.50 |
| 11 | 1 | 2011-5-2 | 429 | 25.6 | 17 | 23.50 |
| 12 | 1 | 2011-5-1 | 430 | 46.4 | 25 | 25.30 |
| 13 | 1 | 2011-4-4 | 457 | 23.4 | 22 | 20.10 |
| 14 | 1 | 2011-4-1 | 460 | 40.6 | 16 | 22.00 |
| 15 | 1 | 2011-3-20 | 472 | 36.4 | 340 | 17.60 |
| 16 | 3 | 2011-1-20 | 531 | 36.2 | 4 | 20.70 |
| 17 | 1 | 2010-12-13 | 569 | 25.4 | 5 | 13.80 |
| 18 | 1 | 2010-3-4 | 853 | 27.6 | 32 | 19.20 |

　　（2）原因分析与解决措施　平均泌乳天数可与体细胞数分析相结合，针对性地进行隐性乳房炎治疗。对于泌乳天数＞200 天的牛群，应该检查配种情况，检查是否患肢蹄病。同时，此指标还

可以与尿素氮水平相结合进行分析。泌乳天数＞305 天的牛只共18 头,这部分牛群最好的解决措施是:使用药物促性腺激素释放激素(GnRH)进行处理,严格执行 1134 处理程序,不必考虑是否有外观发情表现的轻重程度。一般来讲,只要注射前列腺素(PG)之前有黄体存在,则配种的受胎率在 70％左右。对于不发情的个体必要时可以使用阴道栓处理。

**5. 泌乳曲线**

(1)测定结果  奶牛从产犊到干奶的整个泌乳过程中,产奶量呈一定的规律性变化,以时间为横坐标,以产奶量为纵坐标,所得到的泌乳期产奶量随时间变化的曲线叫做泌乳曲线,这是反映奶牛泌乳情况既直观又方便的形式。图 6-3 是 DHI 测定中心根据本次测定数据所拟合的泌乳曲线。理论而言,高峰日后产奶量下降 0.07 千克/天,月降 2 千克。该场下降速度较快,存在较大的潜在奶损失。

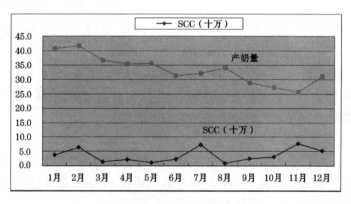

**图 6-3  DHI 测定数据拟合泌乳曲线**

对该场参测牛群按照不同的泌乳天数分群,统计各组平均产奶量,数据如图 6-4 所示:由于本月测定牛群主要是高产牛群,所以将 6 月份泌乳曲线也绘制为图 6-5,以作参考。

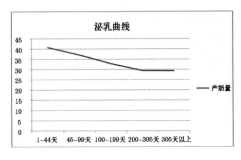

| 泌乳天数 | 产奶量（千克） |
| --- | --- |
| 1～44 天 | 40.8 |
| 45～99 天 | 37.1 |
| 100～199 天 | 32.9 |
| 200～305 天 | 29.5 |
| 305 天以上 | 29.4 |

图 6-4　7 月份泌乳曲线

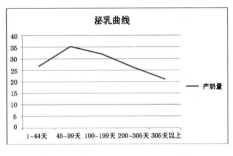

| 泌乳天数 | 产奶量（千克） |
| --- | --- |
| 1～44 天 | 26.7 |
| 45～99 天 | 35.3 |
| 100～199 天 | 32 |
| 200～305 天 | 26.2 |
| 305 天以上 | 21.1 |

图 6-5　6 月份泌乳曲线

　　参测牛群高峰日及高峰奶不明显，高峰奶不高，低峰奶不低，说明高产奶牛的产奶潜力仍然发挥不理想。

　　**6. 尿素氮水平**

　　(1)测定结果　全群平均 21.26 毫克/100 毫升，较之上月的 16.23 毫克/100 毫升偏高。正常值应该在 10～18 毫克/100 毫升范围内。

　　(2)分析与措施建议　尿素氮水平反映出瘤胃中蛋白质代谢的有效性，直接影响饲料转化率；过高的尿素氮水平也在一定程度上影响了繁殖率。对于泌乳天数在 0～90 天以内的，尿素氮建议值为 17～18 毫克/100 毫升；90～210 天的，尿素氮建议值为 16 毫克/100 毫升;大于 210 天的,尿素氮建议值为 15 毫克/100 毫升。整体而言,本群体本次测定尿素氮水平较高。对于该牛群,如果饲料原料没有发生变化,主要问题可能在于饲料中的有益菌缺失,可能没有添加有益菌,或者质量低、数量少。有益菌缺失将导致牛群肢蹄病上升,特别是蹄叶炎的发病率增加。

尿素氮较高也可能是饲粮中日粮蛋白质没有有效利用,影响饲料转化率。需要调整奶牛日粮蛋白质——能量平衡,核实饲料蛋白质是否过剩和能量不足,检查蛋白质质量(如杂饼氨基酸不平衡、豆粕加工方法不同影响吸收等)。同时,对粗饲料、饲料配方、投喂方式等进行调整。

牛群管理报告表见表 6-19。

### 表6-19　牛群管理报告表

| 泌乳天数（天） | 牛头数 | 日产奶量（千克） | 乳脂率（%） | 乳蛋白率（%） | 脂蛋比 | 体细胞数（万个/毫升） | 尿素氮（毫克/100 毫升） |
|---|---|---|---|---|---|---|---|
| <30 | 1 | 40.8 | 5.97 | 2.63 | 2.27 | 38.10 | 18.70 |
| 31～60 | 3 | 41.7 | 4.57 | 2.54 | 1.80 | 64.49 | 17.13 |
| 61～90 | 10 | 36.2 | 3.77 | 2.44 | 1.54 | 15.81 | 22.44 |
| 91～120 | 17 | 36.2 | 4.16 | 2.61 | 1.59 | 18.94 | 21.28 |
| 121～150 | 18 | 34.6 | 4.16 | 2.64 | 1.57 | 11.53 | 20.92 |
| 151～180 | 23 | 32.6 | 4.35 | 2.78 | 1.56 | 23.52 | 22.41 |
| 181～210 | 22 | 31.4 | 4.03 | 2.86 | 1.41 | 72.41 | 20.38 |
| 211～240 | 4 | 33.8 | 3.19 | 2.75 | 1.16 | 7.45 | 19.05 |
| 241～270 | 6 | 28.8 | 3.88 | 3.10 | 1.25 | 25.17 | 19.03 |
| 271～305 | 15 | 26.9 | 4.92 | 2.95 | 1.67 | 36.94 | 23.13 |

**续表 6-19**

| 泌乳天数（天） | 牛头数 | 日产奶量（千克） | 乳脂率（%） | 乳蛋白率（%） | 脂蛋比 | 体细胞数（万个/毫升） | 尿素氮（毫克/100 毫升） |
|---|---|---|---|---|---|---|---|
| >305 | 18 | 29.4 | 4.56 | 2.93 | 1.56 | 57.80 | 21.04 |
| 干 奶 | 2 | — | — | — | — | — | — |
| 平均/合计 | 139 | 32.5 | 4.24 | 2.76 | 1.54 | 34.32 | 21.26 |

## 7. 产奶量

（1）测定结果　单列出上月与本月产奶量变化>5 千克的牛只；另外，与上月相比，有 39 头牛的产奶量下降超过 5 千克，其中奶量差>10 千克的有 12 头（表 6-20）。

**表 6-20　产奶量下降 10 千克以上牛只明细表**

| 序号 | 胎次 | 本次产奶量（千克） | 上次产奶量（千克） | 奶量差（千克） | 乳脂率（%） | 乳蛋白率（%） | 体细胞（万个/毫升） | 尿素氮（毫克/100 毫升） | 泌乳天数 | 持续力（%） |
|---|---|---|---|---|---|---|---|---|---|---|
| 1 | 2 | 16.0 | 43.2 | —27 | 3.09 | 2.88 | 329 | 10.00 | 191 | 43 |
| 2 | 1 | 11.2 | 32.2 | —21 | 8.25 | 3.68 | 347 | 29.50 | 275 | 41 |
| 3 | 1 | 24.4 | 43.6 | —19 | 5.92 | 2.61 | 9 | 20.20 | 110 | 60 |
| 4 | 2 | 32.2 | 45.6 | —13 | 3.99 | 3.04 | 23 | 23.70 | 192 | 73 |
| 5 | 2 | 39.2 | 51.8 | —13 | 4.87 | 2.61 | 7 | 23.70 | 105 | 78 |
| 6 | 1 | 26.0 | 37.8 | —12 | 4.61 | 2.41 | 21 | 20.90 | 145 | 72 |
| 7 | 1 | 14.2 | 25.0 | —11 | 3.08 | 3.58 | 42 | 14.90 | 307 | 61 |
| 8 | 1 | 31.2 | 41.8 | —11 | 2.67 | 3.30 | 20 | 19.00 | 306 | 77 |
| 9 | 1 | 24.0 | 34.6 | —11 | 5.18 | 2.82 | 17 | 23.20 | 182 | 72 |

**续表 6-20**

| 序号 | 胎次 | 本次产奶量(千克) | 上次产奶量(千克) | 奶量差(千克) | 乳脂率(%) | 乳蛋白率(%) | 体细胞(万个/毫升) | 尿素氮(毫克/100毫升) | 泌乳天数 | 持续力(%) |
|---|---|---|---|---|---|---|---|---|---|---|
| 10 | 2 | 33.4 | 43.6 | −10 | 4.65 | 2.75 | 115 | 22.80 | 176 | 79 |
| 11 | 3 | 30.8 | 41.0 | −10 | 3.35 | 3.00 | 90 | 20.50 | 190 | 77 |
| 12 | 1 | 26.2 | 35.8 | −10 | 3.82 | 2.60 | 9 | 21.60 | 182 | 76 |

(2)措施建议　这部分牛群,普遍泌乳天数较长、持续力较低。应该从调整日粮,降低热应激,防治乳房炎、肢蹄病、繁殖疾病等方面综合处理,兽医应进行针对性治疗。

# 五、某奶牛场夏季(8月份) DHI 报告分析实例五

## (一)目　的

某奶牛场 2012 年 8 月参加 DHI 测试的牛群共计 312 头,产奶量与上月相比显著下降,平均产奶量 21.0 千克。通过对 DHI 报告部分指标分析,明确当前该牛群生产中存在的问题,改善牛群饲养管理,以提高牛群生产性能。

## (二)DHI 报告分析

**1. 脂蛋比与乳蛋白率**

(1)测定结果　脂蛋比主要反映日粮营养平衡状况及瘤胃的健康状况,全群平均乳脂率 4.03%,乳蛋白率 2.94%。脂蛋比

1.37,略高于正常脂蛋比范围(1.12~1.30)。其中脂蛋比偏高的牛头数为 150 头,占参测牛群的 48.08%。高脂蛋比的牛群平均乳脂率 4.77%,乳蛋白率 3.01%,平均脂蛋比 1.61。其中脂蛋比大于 1.6 的牛头数 71 头,群乳脂率 5.68%,乳蛋白率 2.80%,平均脂蛋比 2.02,上月为 2.08。相对于上月比较,通过饲料中添加糖蜜等措施,乳蛋白率有所提高(2.80%/2.67%),同时,乳脂率也有所上升(5.68%/5.54%)。

(2)原因分析及措施建议　本次脂蛋比含量高主要是由于脂肪含量高,同时蛋白略低所造成的。除了考虑部分牛群脂蛋比高可能与饲料中添加过瘤胃脂肪有关外,结合本月产奶量持续下降,主要原因是热应激,干物质采食(DMI)不足,日粮中能量不足,瘤胃菌体蛋白(MCP)合成不足,造成代谢紊乱。脂蛋比高的牛群明细见表 6-21。

表 6-21　脂蛋比高的牛群明细表

| 序号 | 产犊日期 | 胎次 | 产奶量(千克) | 泌乳天数(天) | 乳脂率(%) | 乳蛋白率(%) | 体细胞数(万个/毫升) | 尿素氮(毫克/100毫升) | 脂蛋比 |
|---|---|---|---|---|---|---|---|---|---|
| 1 | 2012-3-14 | 1 | 22.6 | 142 | 5.99 | 2.97 | 7 | 27.20 | 2.02 |
| 2 | 2011-12-30 | 1 | 27.4 | 217 | 5.44 | 2.67 | 5 | 21.80 | 2.04 |
| 3 | 2011-7-22 | 2 | 12.0 | 378 | 6.59 | 3.20 | 35 | 18.60 | 2.06 |
| 4 | 2012-6-17 | 1 | 26.4 | 47 | 5.05 | 2.44 | 7 | 17.10 | 2.07 |
| 5 | 2012-1-30 | 1 | 21.2 | 186 | 6.51 | 3.10 | 54 | 20.50 | 2.10 |
| 6 | 2011-5-21 | 2 | 13.4 | 440 | 6.83 | 3.24 | 114 | 21.90 | 2.11 |
| 7 | 2012-2-10 | 2 | 21.2 | 175 | 6.95 | 3.25 | 11 | 23.70 | 2.14 |
| 8 | 2012-4-28 | 2 | 23.6 | 97 | 6.12 | 2.81 | 819 | 20.10 | 2.18 |

续表 6-21

| 序号 | 产犊日期 | 胎次 | 产奶量（千克） | 泌乳天数（天） | 乳脂率（%） | 乳蛋白率（%） | 体细胞数（万个/毫升） | 尿素氮（毫克/100毫升） | 脂蛋比 |
|---|---|---|---|---|---|---|---|---|---|
| 9 | 2012-1-19 | 3 | 23.6 | 197 | 6.46 | 2.95 | 6 | 19.80 | 2.19 |
| 10 | 2012-4-15 | 1 | 23.0 | 110 | 6.61 | 3.02 | 13 | 16.10 | 2.19 |
| 11 | 2012-2-7 | 1 | 29.4 | 178 | 6.10 | 2.75 | 12 | 23.30 | 2.22 |
| 12 | 2012-2-10 | 1 | 27.6 | 175 | 6.44 | 2.87 | 9 | 22.10 | 2.24 |
| 13 | 2011-8-8 | 2 | 19.6 | 361 | 7.58 | 3.34 | 35 | 25.70 | 2.27 |
| 14 | 2012-5-4 | 2 | 11.0 | 91 | 5.67 | 2.48 | 406 | 21.90 | 2.29 |
| 15 | 2012-4-20 | 1 | 26.6 | 105 | 5.27 | 2.30 | 4 | 23.20 | 2.29 |
| 16 | 2012-5-22 | 1 | 29.4 | 73 | 5.81 | 2.52 | 137 | 23.70 | 2.31 |
| 17 | 2011-9-15 | 3 | 10.0 | 323 | 7.23 | 3.13 | 183 | 18.80 | 2.31 |
| 16 | 2012-6-11 | 2 | 18.0 | 53 | 5.74 | 2.43 | 176 | 15.00 | 2.36 |
| 19 | 2012-1-15 | 2 | 24.4 | 201 | 6.16 | 2.59 | 205 | 20.50 | 2.38 |
| 20 | 2012-6-8 | 1 | 30.2 | 56 | 5.95 | 2.49 | 34 | 18.10 | 2.39 |
| 21 | 2012-2-20 | 1 | 22.0 | 165 | 6.26 | 2.58 | 17 | 24.40 | 2.43 |
| 22 | 2012-6-14 | 2 | 34.8 | 50 | 5.59 | 2.30 | 37 | 32.00 | 2.43 |
| 23 | 2012-3-27 | 1 | 30.6 | 129 | 6.41 | 2.62 | 30 | 25.30 | 2.45 |
| 24 | 2011-12-3 | 1 | 28.4 | 244 | 5.95 | 2.41 | 21 | 23.60 | 2.47 |
| 25 | 2011-10-6 | 1 | 20.8 | 302 | 6.93 | 2.77 | 287 | 19.70 | 2.50 |
| 26 | 2012-4-1 | 1 | 24.8 | 124 | 6.88 | 2.72 | 25 | 23.70 | 2.53 |

**续表 6-21**

| 序号 | 产犊日期 | 胎次 | 产奶量（千克） | 泌乳天数（天） | 乳脂率（%） | 乳蛋白率（%） | 体细胞数（万个/毫升） | 尿素氮（毫克/100 毫升） | 脂蛋比 |
|---|---|---|---|---|---|---|---|---|---|
| 27 | 2012-7-1 | 2 | 32.4 | 33 | 6.28 | 2.36 | 28 | 21.30 | 2.66 |
| 28 | 2012-7-6 | 2 | 30.6 | 28 | 7.72 | 2.70 | 166 | 19.50 | 2.86 |
| 29 | 2012-2-29 | 4 | 41.6 | 156 | 7.69 | 2.37 | 10 | 24.90 | 3.24 |
| 30 | 2011-10-11 | 1 | 30.0 | 297 | 9.34 | 2.74 | 8 | 27.50 | 3.41 |
| 31 | 2012-5-6 | 3 | 24.4 | 89 | 7.42 | 2.09 | 120 | 24.10 | 3.55 |

观察是否有前胃弛缓症状：采食量减少，反刍次数减少或者咀嚼运动减弱，听诊瘤胃收缩减弱，蠕动次数减少。同时，高脂蛋比牛群的平均尿素氮水平达到 20.10 毫克/100 毫升，说明饲料中的蛋白没有被有效地利用。解决方案从降低热应激，改进饲料适口性，夏季避免饲料霉变等方面考虑。

（3）问题明显牛测定结果分析与解决措施　本月脂蛋比<1的有 56 头，占全群比例 17.95%。平均泌乳天数>206 天，平均乳蛋白率 3.18%，平均乳脂率 2.36%，平均脂蛋比 0.75。从下表可看出，是典型的低脂，蛋白质正常。应考虑瘤胃功能异常，是否存在奶牛反刍减少，日粮中缺少缓冲物质，瘤胃酸中毒现象；也可能与全混合日粮（TMR）物理加工过细有关。建议提高优质粗饲料适口性及采食量，增加干物质采食量，提供高能量饲料。本月是否存在换料及精粗比例不当的问题。脂蛋比低的牛群明细见表6-22。

对于夏季出现的这类问题，最快的解决途径，要找出这类牛只个体出现最多的圈舍，加强管理，提高饲养员的责任心，必要时由老板或技术场长盯槽。

## 表 6-22　脂蛋比低的牛群明细表

| 序号 | 产犊日期 | 胎次 | 本次产奶量(千克) | 泌乳天数(天) | 乳脂率(%) | 乳蛋白率(%) | 体细胞数(万个/毫升) | 尿素氮(毫克/100 毫升) | 脂蛋比 |
|---|---|---|---|---|---|---|---|---|---|
| 1 | 2011-12-27 | 3 | 20.8 | 220 | 0.78 | 3.57 | 17 | 13.30 | 0.22 |
| 2 | 2011-12-8 | 4 | 30.2 | 239 | 0.77 | 3.40 | 1 | 15.50 | 0.23 |
| 3 | 2011-9-7 | 4 | 26.6 | 331 | 0.78 | 3.31 | 3 | 9.90 | 0.24 |
| 4 | 2012-2-4 | 4 | 20.8 | 181 | 0.87 | 2.82 | 115 | 10.90 | 0.31 |
| 5 | 2011-9-7 | 1 | 19.8 | 331 | 1.19 | 3.43 | 9 | 13.80 | 0.35 |
| 6 | 2012-1-27 | 1 | 24.4 | 189 | 1.19 | 3.39 | 3 | 14.50 | 0.35 |
| 7 | 2011-9-26 | 1 | 19.0 | 312 | 1.50 | 3.32 | 10 | 11.90 | 0.45 |
| 8 | 2012-6-7 | 1 | 22.2 | 57 | 1.39 | 2.56 | 14 | 15.70 | 0.54 |
| 9 | 2012-1-19 | 1 | 12.2 | 197 | 1.93 | 3.39 | 4 | 8.80 | 0.57 |
| 10 | 2012-2-9 | 1 | 28.2 | 176 | 1.65 | 2.86 | 44 | 15.50 | 0.58 |
| 11 | 2012-4-1 | 1 | 31.0 | 124 | 1.83 | 2.92 | 3 | 18.10 | 0.63 |
| 12 | 2012-2-7 | 1 | 20.6 | 178 | 2.00 | 3.11 | 2 | 15.40 | 0.64 |
| 13 | 2012-4-26 | 1 | 24.6 | 99 | 2.00 | 3.08 | 8 | 14.30 | 0.65 |
| 14 | 2012-2-14 | 1 | 20.8 | 171 | 2.01 | 3.05 | 2 | 12.90 | 0.66 |
| 15 | 2011-8-20 | 4 | 5.8 | 349 | 2.34 | 3.44 | 239 | 8.90 | 0.68 |
| 16 | 2011-12-8 | 1 | 25.4 | 239 | 2.10 | 3.06 | 5 | 16.10 | 0.69 |
| 17 | 2012-2-9 | 1 | 32.8 | 176 | 1.94 | 2.76 | 22 | 14.50 | 0.70 |
| 18 | 2012-3-30 | 1 | 30.0 | 126 | 2.25 | 3.15 | 4 | 18.90 | 0.71 |
| 19 | 2012-4-4 | 1 | 30.2 | 121 | 1.93 | 2.71 | 3 | 14.30 | 0.71 |
| 20 | 2011-8-1 | 1 | 1.0 | 368 | 4.22 | 5.91 | 285 | 17.40 | 0.71 |

续表 6-22

| 序号 | 产犊日期 | 胎次 | 本次产奶量（千克） | 泌乳天数（天） | 乳脂率（%） | 乳蛋白率（%） | 体细胞数（万个/毫升） | 尿素氮（毫克/100毫升） | 脂蛋比 |
|---|---|---|---|---|---|---|---|---|---|
| 21 | 2011-5-13 | 1 | 11.4 | 448 | 3.75 | 5.20 | 257 | 12.70 | 0.72 |
| 22 | 2012-2-24 | 1 | 22.4 | 161 | 2.01 | 2.78 | 7 | 15.30 | 0.72 |
| 23 | 2012-6-2 | 1 | 25.4 | 62 | 1.82 | 2.50 | 2 | 11.30 | 0.73 |
| 24 | 2012-6-12 | 1 | 27.8 | 52 | 1.98 | 2.73 | 5 | 11.60 | 0.73 |
| 25 | 2011-12-31 | 1 | 8.4 | 216 | 2.50 | 3.31 | 8 | 7.50 | 0.76 |
| 26 | 2012-4-15 | 3 | 37.6 | 110 | 1.98 | 2.56 | 17 | 14.00 | 0.77 |
| 27 | 2011-12-26 | 2 | 24.6 | 221 | 2.45 | 3.16 | 20 | 14.30 | 0.78 |
| 28 | 2012-3-22 | 1 | 34.0 | 134 | 2.15 | 2.76 | 7 | 16.40 | 0.78 |
| 29 | 2012-6-19 | 1 | 31.2 | 45 | 1.95 | 2.50 | 5 | 14.60 | 0.78 |
| 30 | 2012-5-20 | 2 | 36.2 | 75 | 2.07 | 2.63 | 8 | 14.50 | 0.79 |
| 31 | 2012-1-12 | 1 | 26.8 | 204 | 2.58 | 3.18 | 8 | 17.10 | 0.81 |
| 32 | 2010-7-7 | 2 | 10.6 | 758 | 3.63 | 4.41 | 7 | 11.90 | 0.82 |
| 33 | 2012-3-5 | 1 | 22.2 | 151 | 2.59 | 3.05 | 437 | 16.50 | 0.85 |
| 34 | 2012-1-5 | 1 | 15.6 | 211 | 2.98 | 3.44 | 5 | 10.00 | 0.87 |
| 35 | 2011-8-13 | 3 | 13.0 | 356 | 2.65 | 3.03 | 46 | 6.40 | 0.87 |
| 36 | 2012-1-5 | 1 | 24.6 | 211 | 2.89 | 3.33 | 23 | 14.90 | 0.87 |
| 37 | 2012-6-25 | 1 | 25.4 | 39 | 2.14 | 2.46 | 4 | 20.30 | 0.87 |
| 38 | 2012-7-4 | 1 | 26.0 | 30 | 2.43 | 2.76 | 7 | 14.80 | 0.88 |
| 39 | 2011-8-10 | 1 | 11.0 | 359 | 3.15 | 3.60 | 57 | 12.50 | 0.88 |
| 40 | 2012-3-16 | 1 | 24.4 | 140 | 2.52 | 2.85 | 10 | 15.00 | 0.88 |

续表 6-22

| 序号 | 产犊日期 | 胎次 | 本次产奶量（千克） | 泌乳天数（天） | 乳脂率（%） | 乳蛋白率（%） | 体细胞数（万个/毫升） | 尿素氮（毫克/100毫升） | 脂蛋比 |
|---|---|---|---|---|---|---|---|---|---|
| 41 | 2010-12-13 | 1 | 16.0 | 599 | 3.49 | 3.92 | 6 | 14.40 | 0.89 |
| 42 | 2012-2-2 | 1 | 25.8 | 183 | 2.54 | 2.82 | 4 | 19.70 | 0.90 |
| 43 | 2012-6-15 | 1 | 25.4 | 49 | 2.61 | 2.88 | 3 | 16.20 | 0.91 |
| 44 | 2011-12-17 | 1 | 25.4 | 230 | 2.69 | 2.97 | 4 | 16.20 | 0.91 |
| 45 | 2011-7-27 | 2 | 15.4 | 373 | 3.16 | 3.43 | 38 | 13.50 | 0.92 |
| 46 | 2011-9-15 | 3 | 17.0 | 323 | 3.23 | 3.47 | 30 | 21.30 | 0.93 |
| 47 | 2011-12-30 | 2 | 11.0 | 217 | 3.50 | 3.75 | 29 | 12.00 | 0.93 |
| 48 | 2011-12-5 | 1 | 24.0 | 242 | 2.82 | 2.99 | 7 | 12.80 | 0.94 |
| 49 | 2012-3-20 | 1 | 24.4 | 136 | 2.73 | 2.86 | 6 | 17.70 | 0.95 |
| 50 | 2012-4-15 | 1 | 27.8 | 110 | 2.61 | 2.76 | 8 | 17.60 | 0.95 |
| 51 | 2011-4-4 | 1 | 16.4 | 487 | 3.33 | 3.48 | 67 | 13.30 | 0.96 |
| 52 | 2012-6-20 | 3 | 30.6 | 44 | 2.49 | 2.57 | 84 | 11.20 | 0.97 |
| 53 | 2011-10-15 | 1 | 9.6 | 293 | 4.03 | 4.13 | 80 | 15.50 | 0.98 |
| 54 | 2012-4-14 | 1 | 21.6 | 111 | 2.96 | 3.01 | 2 | 16.70 | 0.98 |
| 55 | 2012-4-29 | 2 | 25.2 | 96 | 2.88 | 2.90 | 45 | 16.00 | 0.99 |
| 56 | 2012-6-6 | 2 | 30.6 | 58 | 2.38 | 2.39 | 7 | 17.70 | 1.00 |

本牛群 3～8 月份 DHI 测定乳脂率与乳蛋白率变化趋势见图 6-6。

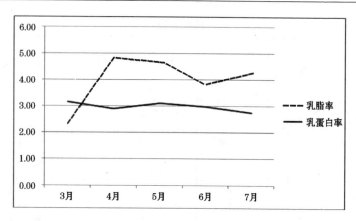

**图 6-6　3～8 月份 DHI 测定乳脂率与乳蛋白率变化趋势**

### 2. 体细胞

（1）测定结果　可影响牛奶质量和数量。参测牛群体细胞数平均 54 万个/毫升，高于上月水平（34 万个/毫升）。高于 50 万个/毫升的牛只 75 头，占参测牛群的 24.04%，平均体细胞数 204 万个/毫升。与 7 月份比较，体细胞数由正常上升到＞50 万/毫升的奶牛有 32 头。体细胞＞50 万个/毫升的牛只明见表 6-23。

**表 6-23　体细胞大于 50 万个/毫升的牛只明细表**

| 序号 | 产犊日期 | 胎次 | 本次产奶量（千克） | 乳脂率（%） | 乳蛋白率（%） | 体细胞数（万个/毫升） | 尿素氮（毫克/100 毫升） | 泌乳天数（天） | 持续力（%） |
|---|---|---|---|---|---|---|---|---|---|
| 1 | 2011-07-10 | 2 | 11.4 | 5.47 | 3.48 | 87 | 17.70 | 390 | 96 |
| 2 | 2011-10-08 | 1 | 15.2 | 4.98 | 3.55 | 89 | 13.20 | 300 | 84 |
| 3 | 2011-02-21 | 1 | 8.6 | 5.17 | 3.77 | 89 | 15.50 | 529 | D＞400 |
| 4 | 2011-04-30 | 1 | 9.8 | 4.29 | 3.70 | 95 | 16.00 | 461 | D＞400 |

续表 6-23

| 序号 | 产犊日期 | 胎次 | 本次产奶量(千克) | 乳脂率(%) | 乳蛋白率(%) | 体细胞数(万个/毫升) | 尿素氮(毫克/100毫升) | 泌乳天数(天) | 持续力(%) |
|---|---|---|---|---|---|---|---|---|---|
| 5 | 2010-09-21 | 1 | 12.6 | 5.00 | 3.82 | 111 | 13.70 | 682 | D>400 |
| 6 | 2011-04-08 | 1 | 9.0 | 3.80 | 3.33 | 118 | 13.40 | 483 | D>400 |
| 7 | 2011-09-01 | 1 | 5.4 | 4.70 | 3.33 | 138 | 12.90 | 337 | 38 |
| 8 | 2011-10-11 | 1 | 15.8 | 4.88 | 3.46 | 169 | 14.20 | 297 | 68 |
| 9 | 2011-06-09 | 2 | 12.6 | 5.79 | 3.69 | 182 | 18.90 | 421 | D>400 |
| 10 | 2011-09-07 | 1 | 17.2 | 4.09 | 3.37 | 246 | 12.50 | 331 | 63 |
| 11 | 2011-05-13 | 1 | 11.4 | 3.75 | 5.20 | 257 | 12.70 | 448 | D>400 |
| 12 | 2011-08-01 | 1 | 1.0 | 4.22 | 5.91 | 285 | 17.40 | 368 | 56 |
| 13 | 2010-09-11 | 3 | 8.0 | 4.89 | 3.63 | 430 | 14.80 | 692 | D>400 |
| 14 | 2012-01-03 | 1 | 19.2 | 3.95 | 3.09 | 52 | 17.10 | 213 | 86 |
| 15 | 2012-06-28 | 2 | 8.2 | 3.75 | 3.34 | 57 | 10.80 | 36 | |
| 16 | 2012-06-06 | 1 | 22.6 | 4.92 | 2.49 | 96 | 17.70 | 58 | |
| 17 | 2012-05-06 | 3 | 24.4 | 7.42 | 2.09 | 120 | 24.10 | 89 | |
| 18 | 2012-07-06 | 2 | 30.6 | 7.72 | 2.70 | 166 | 19.50 | 28 | |
| 19 | 2012-06-11 | 2 | 18.0 | 5.74 | 2.43 | 176 | 15.00 | 53 | |
| 20 | 2011-09-15 | 3 | 10.0 | 7.23 | 3.13 | 183 | 18.80 | 323 | 94 |
| 21 | 2012-05-04 | 2 | 11.0 | 5.67 | 2.48 | 406 | 21.90 | 91 | 77 |
| 22 | 2012-06-29 | 1 | 5.6 | 4.17 | 2.97 | 415 | 17.10 | 35 | |

续表 6-23

| 序号 | 产犊日期 | 胎次 | 本次产奶量（千克） | 乳脂率（%） | 乳蛋白率（%） | 体细胞数（万个/毫升） | 尿素氮（毫克/100毫升） | 泌乳天数（天） | 持续力（%） |
|---|---|---|---|---|---|---|---|---|---|
| 23 | 2012-06-09 | 1 | 19.4 | 4.68 | 2.92 | 56 | 18.40 | 55 | |
| 24 | 2012-01-11 | 1 | 9.4 | 4.50 | 3.30 | 119 | 15.20 | 205 | 80 |
| 25 | 2012-04-08 | 2 | 10.6 | 4.58 | 2.96 | 150 | 16.90 | 117 | 78 |
| 26 | 2012-01-22 | 4 | 19.4 | 4.12 | 2.91 | 100 | 17.50 | 194 | 74 |
| 27 | 2012-01-04 | 1 | 29.2 | 3.85 | 2.91 | 102 | 19.70 | 212 | 122 |
| 28 | 2012-01-19 | 1 | 29.2 | 4.44 | 2.83 | 160 | 17.20 | 197 | 84 |
| 29 | 2012-01-01 | 1 | 23.4 | 3.83 | 3.12 | 198 | 19.30 | 215 | 77 |
| 30 | 2012-01-15 | 2 | 24.4 | 6.16 | 2.59 | 205 | 20.50 | 201 | 87 |
| 31 | 2012-01-03 | 1 | 26.6 | 3.56 | 2.62 | 209 | 18.60 | 213 | 73 |
| 32 | 2011-12-22 | 1 | 24.6 | 4.46 | 3.05 | 387 | 18.70 | 225 | 88 |
| 33 | 2011-11-09 | 3 | 24.8 | 4.28 | 3.35 | 50 | 18.80 | 268 | 77 |
| 34 | 2011-08-13 | 1 | 22.0 | 3.99 | 3.42 | 62 | 20.00 | 356 | 74 |
| 35 | 2012-06-20 | 3 | 30.6 | 2.49 | 2.57 | 84 | 11.20 | 44 | |
| 36 | 2012-01-21 | 2 | 25.2 | 4.47 | 3.17 | 133 | 18.30 | 195 | 75 |
| 37 | 2012-05-22 | 1 | 29.4 | 5.81 | 2.52 | 137 | 23.70 | 73 | 82 |
| 38 | 2012-01-28 | 1 | 13.0 | 4.43 | 2.84 | 269 | 23.70 | 188 | 45 |
| 39 | 2012-03-05 | 1 | 22.2 | 2.59 | 3.05 | 437 | 16.50 | 151 | 85 |
| 40 | 2012-02-04 | 4 | 20.8 | 0.87 | 2.82 | 115 | 10.90 | 181 | 49 |

# 五、某奶牛场夏季(8月份)DHI报告分析实例五

续表 6-23

| 序号 | 产犊日期 | 胎次 | 本次产奶量(千克) | 乳脂率(%) | 乳蛋白率(%) | 体细胞数(万个/毫升) | 尿素氮(毫克/100毫升) | 泌乳天数(天) | 持续力(%) |
|---|---|---|---|---|---|---|---|---|---|
| 41 | 2012-04-01 | 1 | 37.0 | 4.70 | 2.90 | 133 | 16.60 | 124 | 99 |
| 42 | 2011-12-15 | 3 | 24.8 | 4.37 | 2.63 | 167 | 18.60 | 232 | 75 |
| 43 | 2012-01-10 | 2 | 28.0 | 4.73 | 2.81 | 201 | 19.00 | 206 | 84 |
| 44 | 2011-09-22 | 4 | 16.6 | 3.39 | 3.36 | 53 | 13.60 | 316 | 89 |
| 45 | 2012-01-30 | 1 | 21.2 | 6.51 | 3.10 | 54 | 20.50 | 186 | 77 |
| 46 | 2011-04-04 | 1 | 16.4 | 3.33 | 3.48 | 67 | 13.30 | 487 | D>400 |
| 47 | 2011-10-27 | 1 | 19.0 | 4.30 | 3.13 | 69 | 14.00 | 281 | 89 |
| 48 | 2012-01-01 | 2 | 22.4 | 3.27 | 3.22 | 79 | 11.20 | 215 | 91 |
| 49 | 2012-03-23 | 1 | 17.6 | 4.63 | 3.07 | 83 | 14.40 | 133 | 84 |
| 50 | 2011-12-15 | 3 | 21.8 | 3.99 | 3.17 | 88 | 12.50 | 232 | 77 |
| 51 | 2011-10-15 | 1 | 21.2 | 3.90 | 3.00 | 102 | 13.50 | 293 | 87 |
| 52 | 2012-06-18 | 1 | 21.6 | 3.96 | 2.54 | 273 | 14.10 | 46 | |
| 53 | 2011-10-06 | 1 | 20.8 | 6.93 | 2.77 | 287 | 19.70 | 302 | 87 |
| 54 | 2010-03-04 | 1 | 18.2 | 5.36 | 3.65 | 490 | 17.90 | 883 | D>400 |
| 55 | 2012-04-28 | 2 | 23.6 | 6.12 | 2.81 | 819 | 20.10 | 97 | 88 |
| 56 | 2012-02-20 | 3 | 22.0 | 5.47 | 3.24 | 969 | 17.20 | 165 | |
| 57 | 2011-05-21 | 2 | 13.4 | 6.83 | 3.24 | 114 | 21.90 | 440 | D>400 |
| 58 | 2011-12-26 | 2 | 10.0 | 5.86 | 3.10 | 126 | 19.10 | 221 | 81 |

续表 6-23

| 序号 | 产犊日期 | 胎次 | 本次产奶量（千克） | 乳脂率（%） | 乳蛋白率（%） | 体细胞数（万个/毫升） | 尿素氮（毫克/100毫升） | 泌乳天数（天） | 持续力（%） |
|---|---|---|---|---|---|---|---|---|---|
| 59 | 2011-04-23 | 1 | 18.0 | 4.09 | 3.47 | 133 | 15.30 | 468 | D>400 |
| 60 | 2009-10-08 | 2 | 18.4 | 4.10 | 3.00 | 263 | 14.40 | 1030 | D>400 |
| 61 | 2011-08-10 | 1 | 11.0 | 3.15 | 3.60 | 57 | 12.50 | 359 | 83 |
| 62 | 2009-12-22 | 1 | 17.2 | 4.83 | 3.40 | 79 | 14.40 | 955 | D>400 |
| 63 | 2012-01-29 | 1 | 2.0 | 4.85 | 4.36 | 140 | 14.90 | 187 | 57 |
| 64 | 2011-10-02 | 4 | 2.0 | 5.09 | 4.92 | 209 | 17.00 | 306 | |
| 65 | 2011-08-20 | 4 | 5.8 | 2.34 | 3.44 | 239 | 8.90 | 349 | 87 |
| 66 | 2012-01-29 | 1 | 13.4 | 4.18 | 3.39 | 271 | 11.70 | 187 | 90 |
| 67 | 2010-12-02 | 3 | 17.0 | 4.96 | 3.67 | 522 | 15.70 | 610 | D>400 |
| 68 | 2012-01-16 | 2 | 13.2 | 4.22 | 3.08 | 557 | 11.00 | 200 | |
| 69 | 2010-06-10 | 2 | 13.4 | 5.84 | 3.71 | 680 | 17.50 | 785 | D>400 |
| 70 | 2011-07-25 | 3 | 5.2 | 4.11 | 3.88 | 689 | 14.40 | 375 | 70 |
| 71 | 2011-08-23 | 2 | 8.4 | 5.50 | 3.30 | 909 | 18.40 | 346 | 79 |
| 72 | 2011-09-13 | 2 | 18.8 | 4.70 | 3.10 | 57 | 16.30 | 325 | 63 |
| 73 | 2011-02-22 | 1 | 16.4 | 5.24 | 3.48 | 64 | 19.10 | 528 | D>400 |
| 74 | 2011-10-15 | 1 | 9.6 | 4.03 | 4.13 | 80 | 15.50 | 293 | 81 |
| 75 | 2011-04-15 | 1 | 9.2 | 5.64 | 4.64 | 84 | 13.60 | 476 | D>400 |

3～8 月份体细胞与产奶量变化趋势见图 6-7。

（2）原因分析与解决措施　夏季炎热，是隐性乳房炎高发季节，更需要勤于防治及严格规范挤奶操作。本月奶厅工作量减少，

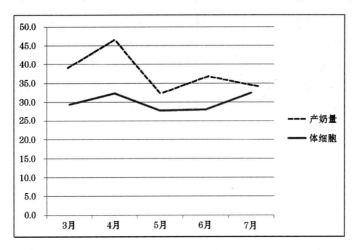

**图 6-7 3～8 月份体细胞数及产奶量变化趋势**

但是出现微生物严重超标的现象,需要实施厅长负责制,对奶厅人员操作严格要求。对于体细胞数>50 万个/毫升的牛群,需结合泌乳天数和配种记录具体分析解决。体细胞数高的牛群的平均泌乳天数在 301 天,结合配种、妊检记录,对于泌乳后期的牛群更适于干奶治疗。正常而言,体细胞数干奶前>分娩前后>泌乳高峰及中期,表 6-23 列出体细胞数>50 万个/毫升的牛只,其中灰色框标注部分为体细胞数>500 万个/毫升的牛只,需尽快治疗。兽医治疗时需结合亚临床乳房炎快速诊断剂法检测验证后,并确定具体感染乳区进行对症治疗。建议在奶厅中安装交叉摄像头,进行监控,每天由老板和奶厅人员在业余时间学习和总结,坚持做 1 周,问题就解决了。

**3. 高峰日及高峰奶**

(1)测定结果　参测牛群到达最高奶量时的泌乳天数是产后 159 天,高峰奶是 30.2 千克。而达最高奶量的正常时间范围是产后 40～60 天。所以该参测牛群到达最高奶量时的泌乳天数过晚。

反映泌乳高峰过后,产奶持续能力的指标,其主要受到营养因素的影响。正常情况下,头胎牛的持续力应该高于二胎以上的牛群。整体而言,本次测定牛群持续力为 82.5,低于标准值。一般持续力标准参见表 6-16。经常性的持续力低说明牛场无论饲养还是原料进出方面存在根本性的问题没有解决,没有好的原料和管理制度,就不能保证奶牛采食足够量的优质 TMR,奶质和奶量就无法得到保证。

群内级别指数见表 6-24。

(2)原因分析与解决措施　峰值奶量的高低直接影响胎次奶量。影响峰值日及峰值奶的因素很多,如育成牛的饲养膘情、产前膘情、干奶期的饲养管理、产犊间隔、乳房炎等均可造成潜在的奶损失。另外,围产前后特别在接产及母牛护理方面存在问题时,如助产不当、产后子宫炎等并发症较多等,也可造成高峰日推迟及高峰奶降低,造成潜在的奶损失。所以对峰值奶及高峰日需要引起足够的重视。不同胎次的峰值奶正常比值在 0.76~0.79,本参测牛群的头胎牛与二胎牛峰值奶比值为 31.1/27.2=1.14,头胎牛与三胎及以上牛群的峰值奶比值为 31.1/30.1=1.03。说明:①头胎牛的产奶性能较好(从遗传改良的角度讲是合理的)。②经产牛该有的产奶潜能未发挥出来,除了考虑疾病、热应激等因素外,干奶期膘情及围产期前后的护理和饲料配方需要重点考虑。

高峰日推迟,同时持续力又比较低,分析可能是因为牛在分娩时膘情不足等原因造成前期生产性能表现不充分,产奶量未能按时达到峰值;另外,有可能当前的饲料配方不能满足营养需要,同时,热应激影响食欲,及高 SCC 也会明显影响持续力降低。尤其要注意牛群中头胎牛的高峰奶量和高峰日问题,如果高峰日推迟,说明问题在于后备牛的培育、公牛的选择或犊牛培育,一般来讲后者居多,前者发生概率相对较少。

表 6-24　群内级别指数分布表

| | 全群(%/千克) | | | 1~99 天 | | | 100~200 天 | | | >200 天 | | |
|---|---|---|---|---|---|---|---|---|---|---|---|---|
| | 级别指数 | 奶量 | 持续力 | 级别指数 | 奶量 | 持续力 | 级别指数 | 奶量 | 持续力 | 级别指数 | 奶量 | 持续力 |
| 一胎 | 101.47 | 21.53 | 81.95 | 68.03 | 24.20 | 94.86 | 96.11 | 23.65 | 80.83 | 117.36 | 19.09 | 81.39 |
| 二胎 | 102.92 | 20.47 | 85.70 | 80.19 | 25.68 | 84.49 | 101.46 | 24.24 | 80.26 | 114.33 | 16.92 | 87.57 |
| ≥三胎 | 87.81 | 19.23 | 82.01 | 82.90 | 26.75 | | 113.85 | 27.50 | 73.58 | 82.75 | 16.27 | 84.22 |
| 全群 | 100.00 | 21.02 | 82.50 | 72.82 | 24.84 | 91.67 | 98.00 | 24.00 | 80.32 | 110.56 | 18.13 | 82.93 |

**4. 牛群分布比例** 参测牛群头胎牛 206 头,二胎 64 头,三胎及以上 42 头,三胎的平均日产奶量接近,分别是:21.5 千克、20.5 千克、19.2 千克(图 6-8)。理想的胎次是 2.8 胎。

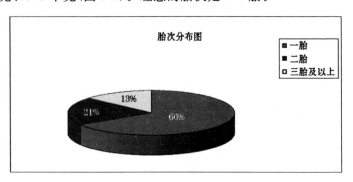

**图 6-8 8 月份牛群比例分布图**

**5. 平均泌乳天数**

(1)测定结果 这一指标可以显示牛群繁殖性能及产犊间隔。平均泌乳天数反映了繁殖指标,该指标在 150~170 天范围内比较合理。参测牛群平均 243 天,明显过高。

牛群泌乳天数分布见图 6-9。

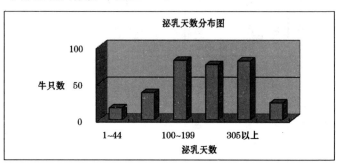

**图 6-9 牛群泌乳天数分布图**

(2)原因分析与解决措施　平均泌乳天数可与体细胞数分析相结合,针对性地进行隐性乳房炎治疗。对于泌乳天数大于 200 天的牛群,应检查配种情况,检查是否存在肢蹄病。同时,此指标还可以与尿素氮水平相结合进行分析。泌乳天数>305 天的牛只共 80 头,其中 500 天以上的在表 6-25 中列出,依照个体具体分析,重点解决。

表 6-25　泌乳天数过高的牛只明细表

| 牛号 | 胎次 | 产犊日期 | 泌乳天数 (天) | 日产奶 (千克) | 体细胞数 (万个/毫升) | 尿素氮 (毫克/100 毫升) |
|---|---|---|---|---|---|---|
| 1 | 1 | 2011-3-11 | 511 | 12.8 | 40 | 16.70 |
| 2 | 2 | 2011-3-8 | 514 | 11.8 | 37 | 12.50 |
| 3 | 1 | 2011-2-22 | 528 | 16.4 | 64 | 19.10 |
| 4 | 1 | 2011-2-21 | 529 | 8.6 | 89 | 15.50 |
| 5 | 2 | 2011-1-21 | 560 | 21.2 | 40 | 19.00 |
| 6 | 3 | 2011-1-6 | 575 | 15.6 | 7 | 16.40 |
| 7 | 1 | 2010-12-13 | 599 | 16.0 | 6 | 14.40 |
| 8 | 3 | 2010-12-4 | 608 | 3.0 | 32 | 15.60 |
| 9 | 3 | 2010-12-2 | 610 | 17.0 | 522 | 15.70 |
| 10 | 2 | 2010-10-4 | 669 | 11.6 | 12 | 16.30 |
| 11 | 1 | 2010-9-21 | 682 | 12.6 | 111 | 13.70 |
| 12 | 3 | 2010-9-11 | 692 | 8.0 | 430 | 14.80 |
| 13 | 2 | 2010-7-7 | 758 | 10.6 | 7 | 11.90 |
| 14 | 2 | 2010-6-10 | 785 | 13.4 | 680 | 17.50 |
| 15 | 2 | 2010-3-15 | 872 | 11.2 | 6 | 14.80 |

**续表 6-25**

| 牛号 | 胎次 | 产犊日期 | 泌乳天数（天） | 日产奶（千克） | 体细胞数（万个/毫升） | 尿素氮（毫克/100 毫升） |
|---|---|---|---|---|---|---|
| 16 | 2 | 2010-3-10 | 877 | 14.8 | 31 | 11.80 |
| 17 | 1 | 2010-3-4 | 883 | 18.2 | 490 | 17.90 |
| 18 | 1 | 2009-12-22 | 955 | 17.2 | 79 | 14.40 |
| 19 | 2 | 2009-10-8 | 1030 | 18.4 | 263 | 14.40 |
| 20 | 1 | 2008-1-21 | 1656 | 17.4 | 12 | 15.60 |

## 6. 泌乳曲线

（1）测定结果 图 6-10 是 DHI 测定中心根据本次测定数据所拟合的泌乳曲线。该场奶牛产奶量下降速度较快，存在较大的潜在奶损失。

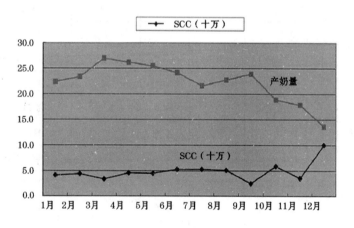

**图 6-10 DHI 测定数据拟合泌乳曲线**

对该场参测牛群按照不同的泌乳天数分群，统计各组平均产奶量,数据如图6-11所示,以作参考。

参测牛群高峰日及高峰奶不明显,高峰奶不高,低峰奶却比较低,说明高产奶牛的产奶潜力发挥不理想,而且产奶量下降非常严重,需要引起重视。

8月份泌乳曲线见图6-11。

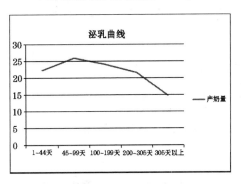

| 泌乳天数 | 产奶量(千克) |
|---|---|
| 1～44 天 | 22.3 |
| 45～99 天 | 25.9 |
| 100～199 天 | 24.1 |
| 200～305 天 | 21.6 |
| 305 天以上 | 14.8 |

图6-11　8月份泌乳曲线

(2)个体分析　表6-26和图6-12以某一典型牛为例,说明泌乳曲线与高峰产奶量、高峰日的关系。该牛于2012年2月24日头胎产犊,到达第二个测定月时达到高峰日,并且高峰日持续1个月,与理论相符合(高产牛产奶高峰持续的时间相对比较长,可达30～60天)。但是,之后6～8月份产奶量下降过多,两条线交叉部分就是潜在的奶损失。

表6-26　某个体牛产奶量与标准曲线表

| 项　　目 | 3月 | 4月 | 5月 | 6月 | 7月 | 8月 |
|---|---|---|---|---|---|---|
| 平均产奶量 | 35.8 | 42.0 | 42.6 | 37.8 | 39.6 | 29.4 |
| 标准曲线 | 35.8 | 42.0 | 42.6 | 40.6 | 38.6 | 36.6 |

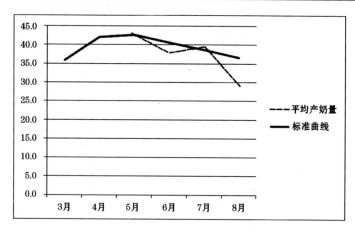

**图 6-12 泌乳曲线及与高峰奶、高峰日的关系图**

## 7. 尿素氮水平

（1）测定结果 全群平均 16.9 毫克/100 毫升,属正常范围。

（2）分析与措施建议 整体而言,本群体本次测定尿素氮水平虽属正常,但是泌乳天数 90～210 天和大于 210 天的牛平均尿素氮水平偏高,说明饲粮中蛋白质没有被有效利用,影响饲料转化率（表 6-27）。需要调整奶牛日粮蛋白质——能量平衡,核实饲料蛋白质是否过剩和能量不足,检查蛋白质质量是否不理想（如杂饼氨基酸不平衡、豆粕加工方法不同影响吸收等）。同时,对粗饲料、配方、投喂方式等进行调整。

**表 6-27 牛群管理报告表**

| 泌乳天数（天） | 头数 | % | 日产奶量（千克） | 乳脂率（%） | 乳蛋白率（%） | 脂蛋比 | 体细胞（万个/毫升） | 尿素氮（毫克/100 毫升） |
|---|---|---|---|---|---|---|---|---|
| <30 | 8 | 2.56 | 22.4 | 4.64 | 2.80 | 1.66 | 41.69 | 18.01 |
| 31～60 | 23 | 7.37 | 23.4 | 3.83 | 2.52 | 1.52 | 44.04 | 17.05 |

**续表 6-27**

| 泌乳天数<br>(天) | 头数 | % | 日产奶量<br>(千克) | 乳脂率<br>(%) | 乳蛋<br>白率<br>(%) | 脂蛋比 | 体细胞<br>(万个/<br>毫升) | 尿素氮<br>(毫克/<br>100 毫升) |
|---|---|---|---|---|---|---|---|---|
| 61~90 | 15 | 4.81 | 28.0 | 3.56 | 2.51 | 1.42 | 23.77 | 17.68 |
| 91~120 | 23 | 7.37 | 25.4 | 3.77 | 2.71 | 1.39 | 54.86 | 18.20 |
| 121~150 | 21 | 6.73 | 25.9 | 3.85 | 2.83 | 1.36 | 26.29 | 18.11 |
| 151~180 | 22 | 7.05 | 25.2 | 4.21 | 2.87 | 1.47 | 67.93 | 17.79 |
| 181~210 | 40 | 12.82 | 21.0 | 4.05 | 3.01 | 1.35 | 57.33 | 16.58 |
| 211~240 | 36 | 11.54 | 22.8 | 3.89 | 3.03 | 1.28 | 49.13 | 16.65 |
| 241~270 | 5 | 1.60 | 24.0 | 4.32 | 3.02 | 1.43 | 20.93 | 17.82 |
| 271~305 | 16 | 5.13 | 18.4 | 4.86 | 2.94 | 1.65 | 57.85 | 16.53 |
| >305 | 80 | 25.64 | 14.8 | 4.19 | 3.37 | 1.24 | 80.70 | 15.57 |
| 干 奶 | 23 | 7.37 | — | — | — | — | — | — |
| 平均/合计 | 312 | 100.00 | 21.0 | 4.03 | 2.94 | 1.37 | 54.06 | 16.80 |

## 8. 产奶量

(1)测定结果  单列出前月与本月产奶量变化>5 千克的牛群,另外,与上月相比,有 164 头牛的产奶量下降超过 5 千克,其中奶量差>10 千克的有 47 头,>15 千克的有 7 头(表 6-28)。

**表 6-28  产奶量下降 15 千克以上牛只明细表**

| 序号 | 胎次 | 本次<br>产奶量<br>(千克) | 上次<br>产奶量<br>(千克) | 奶量差<br>(千克) | 乳脂率<br>(%) | 乳蛋<br>白率<br>(%) | 体细胞<br>(万个/<br>毫升) | 尿素氮<br>(毫克/<br>100 毫升) | 泌乳<br>天数<br>(天) | 持续力<br>(%) |
|---|---|---|---|---|---|---|---|---|---|---|
| 1 | 1 | 8.0 | 46.0 | −38 | 4.61 | 2.46 | 31 | 15.30 | 128 | 17 |
| 2 | 4 | 20.8 | 42.8 | −22 | 0.87 | 2.82 | 115 | 10.90 | 181 | 49 |

续表 6-28

| 序号 | 胎次 | 本次产奶量(千克) | 上次产奶量(千克) | 奶量差(千克) | 乳脂率(%) | 乳蛋白率(%) | 体细胞(万个/毫升) | 尿素氮(毫克/100毫升) | 泌乳天数(天) | 持续力(%) |
|---|---|---|---|---|---|---|---|---|---|---|
| 3 | 1 | 2.0 | 23.0 | —21 | 4.85 | 4.36 | 140 | 14.90 | 187 | 57 |
| 4 | 1 | 9.2 | 26.4 | —17 | 5.64 | 4.64 | 84 | 13.60 | 476 | D>400 |
| 5 | 1 | 13.0 | 28.8 | —16 | 4.43 | 2.84 | 269 | 23.70 | 188 | 45 |
| 6 | 1 | 24.0 | 39.6 | —16 | 4.51 | 2.97 | 6 | 16.10 | 210 | 61 |
| 7 | 1 | 16.2 | 31.4 | —15 | 3.63 | 2.94 | 6 | 18.80 | 311 | 52 |

本月产奶量低于 10 千克的牛群有 26 头,平均产奶量 7.14 千克。其中低于 5 千克的有 9 头,应予重点观察分析(表 6-29)。

表 6-29 产奶量低于 10 千克的部分牛只明细表

| 序号 | 胎次 | 产犊日期 | 本次产奶量(千克) | 乳脂率(%) | 乳蛋白率(%) | 体细胞(万个/毫升) | 尿素氮(毫克/100毫升) | 泌乳天数(天) | 持续力(%) |
|---|---|---|---|---|---|---|---|---|---|
| 1 | 1 | 2011-8-1 | 1.0 | 4.22 | 5.91 | 285 | 17.40 | 368 | 56 |
| 2 | 4 | 2011-10-2 | 2.0 | 5.09 | 4.92 | 209 | 17.00 | 306 | |
| 3 | 1 | 2012-1-29 | 2.0 | 4.85 | 4.36 | 140 | 14.90 | 187 | 57 |
| 4 | 3 | 2010-12-4 | 3.0 | 3.81 | 2.97 | 32 | 15.60 | 608 | D>400 |
| 5 | 3 | 2011-7-25 | 5.2 | 4.11 | 3.88 | 689 | 14.40 | 375 | 70 |
| 6 | 1 | 2012-6-8 | 5.4 | 3.14 | 3.07 | 25 | 15.30 | 56 | |
| 7 | 1 | 2011-9-1 | 5.4 | 4.70 | 3.33 | 138 | 12.90 | 337 | 38 |
| 8 | 1 | 2012-6-29 | 5.6 | 4.17 | 2.97 | 415 | 17.10 | 35 | |
| 9 | 4 | 2011-8-20 | 5.8 | 2.34 | 3.44 | 239 | 8.90 | 349 | 87 |

（2）措施建议　　这部分牛群，泌乳天数普遍较长（264 天），持续力普遍较低。应该从调整日粮，降低热应激，防治乳房炎、肢蹄病、繁殖疾病等方面综合处理，兽医应进行针对性治疗。对低于 5 千克的 9 头牛，重点采取上述措施处理。

**9. 牛场总体建议**　　饲料原料问题突出，表现为蛋白源质量不高，苜蓿质量低，干草量不足。建议青贮改为全株玉米青贮，注意添加过瘤胃脂肪的时间和量。在饲料中添加有机微量元素或补饲充足的优质矿物质舔砖。饲料中有益菌缺失，应适当添加。牛场人员的安排和使用，一定做到先定岗再定责，做到责权利的一致性。

在牛场的关键区域安装摄像头，进行日常管理监控，利于总结不足，找出改进措施。

# 六、某奶牛场基于 DHI 的管理报告实例六

## （一）经营情况概述

当前该奶牛场所存在的问题主要是：①饲料配方的失衡，对泌乳早期牛只和泌乳中期牛只的营养供给不足，以及天气等外围原因造成的应激因素，造成持续力下滑严重，极大地拉低了胎次单产。②乳房炎发病率很高，以及体细胞全群平均水平居高不下，带来了单产下滑，牛只被动淘汰率提高，兽医治疗费用上升，以及繁殖效率低等问题。③产犊间隔过长，以及后备牛发育个体差异大，投产月龄过长，都造成了单产下降和牛群增值方面的损失。这些问题的主要原因在于营养管理和繁殖业务操作方面的缺陷。

因此，尽管牛群质量不错——表现在 DHI 的 305 天预测奶产

量在 9.2 吨左右,但是实际奶产量只能维持在 7.5 吨的水平。

**1. 牧场管理核心业务指标清单**　详见表 6-30 至表 6-33。

### 表 6-30　全群营养核心指标表

| | 胎　次 | 指标内容 | 目标值（千克） | 本月值（千克） | 差异（千克） |
|---|---|---|---|---|---|
| 畜牧营养 | 头胎牛 | 峰值奶产量 | 34 | 32.61 | −1.39 |
| | | <60 天平均产量 | 29 | 28 | −1 |
| | | 60～120 天平均产量 | 33 | 23 | −10 |
| | | 121～200 天平均产量 | 31 | 18 | −13 |
| | | 201～305 天平均产量 | 28 | 15 | −13 |
| | 2 胎以上牛只 | 峰值奶产量 | 44 | 40.57 | −3.43 |
| | | <60 天平均产量 | 39 | 30 | −9 |
| | | 60～120 天平均产量 | 41 | 27 | −14 |
| | | 121～200 天平均产量 | 36 | 17 | −19 |
| | | 201～305 天平均产量 | 28 | 14 | −14 |
| | 3 胎以上牛只 | 峰值奶产量 | 47 | 40.08 | −6.92 |
| | | <60 天平均产量 | 41 | 35 | −6 |
| | | 60～120 天平均产量 | 43 | 30 | −13 |
| | | 121～200 天平均产量 | 39 | 15 | −24 |
| | | 201～305 天平均产量 | 30 | 13 | −17 |

# 六、某奶牛场基于 DHI 的管理报告实例六

### 表 6-31 全群保健核心指标表

| | 指标内容 | 目标值 | 本月值 | 差 异 |
|---|---|---|---|---|
| 兽医保健 | 全群体细胞平均值 | <25 万个/毫升 | 89.9 万个/毫升 | 64.9 万个/毫升 |
| | 1 胎次牛群<15 万个/毫升比例 | 100% | 68% | −32% |
| | 全群体细胞<25 万个/毫升牛群比例 | >85% | 59% | −26% |
| | 全群体细胞<50 万个/毫升牛群比例 | >95% | 69% | −26% |
| | 临床乳房炎发病率 | <2% | 23% | 21% |
| | 因乳房炎淘汰比例 | <5% | 58% | 53% |

### 表 6-32 泌乳持续力——高峰日后 30 天内的产量下降表

| | 胎 次 | 指标内容 | 目标值 | 本月值 | 差 异 |
|---|---|---|---|---|---|
| 畜牧营养 | 头胎牛 | 产奶下降量 | <0.6 千克 | 1.2 千克 | 0.6 千克 |
| | | 持续力下降量 | 6% | 3.68% | −2.32% |
| | | 高峰日差异 | 85 | 91 | 6 |
| | 二胎以上牛只 | 产奶下降量 | <1.8 千克 | 4.2 千克 | 2.4 千克 |
| | | 持续力下降量 | 9% | 10.40% | 1.40% |
| | | 高峰日差异 | 70 | 70 | 0 |
| | 三胎以上牛只 | 产奶下降量 | <2.1 千克 | 6.21 千克 | 4.11 千克 |
| | | 持续力下降量 | 9% | 15.49% | 6.49% |
| | | 高峰日差异 | 70 | 58 | −12 |

### 表 6-33　全群繁殖核心指标表

| | 指标内容 | 目标值 | 本月值 | 差　异 |
|---|---|---|---|---|
| 繁殖 | 产犊间隔 | ＜400 天 | 478 天 | 78 天 |
| | 空怀天数 | ＜110 天 | 128 天 | 18 天 |
| | 始配天数 | ＜75 天 | 80 天 | 5 天 |
| | 1 次受胎率（成乳牛） | ＞50% | 49% | −1.00% |
| | 受胎所需配种次数 | ＜1.7 | 2.1 次 | 0.4 次 |
| | 流产率 | ＜4% | 9.20% | 5.20% |
| | 干奶天数＞70 天比例 | ＜10% | 15% | 5.00% |
| | 投产体重在 600～640 千克的比例 | 100% | 85% | −15% |
| | 投产月龄 | ＜25 月 | 26.1 月 | 1.1 月 |

## 2. 经营综合分析报表　见表 6-34。

### 表 6-34　影响牧场利润提升的业务环节与相关指标及报表

| 影响利润的核心因素 | 相关的主要业务指标 | 请参阅相关分析报表 | 需要关注的对应业务环节 |
|---|---|---|---|
| 奶价 | 全群平均乳脂率在：3.08% | 全场乳脂率低于 2.5% 的统计分析<br>全场脂蛋比分析 | 畜牧营养的配方使用，和饲料采购中饲标检验 |
| | 体细胞过高，全场在：148 万个/毫升 | 体细胞全群统计分析<br>体细胞 150 万个/毫升以上牛只分析<br>体细胞本月上升为 150 万个/毫升牛只分析<br>首次体细胞检测数据分析 | 兽医保健环节的环境卫生和全场消毒工作<br>奶台操作的规范性和挤奶设施的消毒工作<br>乳房炎牛群的治疗方案的有效性 |

续表 6-34

| 影响利润的核心因素 | 相关的主要业务指标 | 请参阅相关分析报表 | 需要关注的对应业务环节 |
|---|---|---|---|
| 生奶产量 | 泌乳牛头天数 | 月度牧场牛只变动情况 牛只淘汰报表 | 由于本月牛只淘汰过多,造成泌乳牛头天数下降过快 |
| | 成乳牛单产:15.8千克 | 月度牧场牛只变动情况 | 由于乳房炎原因,造成提前干奶的牛只过多,拉低了成乳牛平均单产。关注乳房炎治疗方案和全场消毒工作 |
| | 临床乳房炎发病率:23% | 月度疾病统计报表 | 关注乳房炎治疗方案和全场消毒工作 |
| | 高峰产量及高峰天数 | 高峰日、高峰产量对比分析 | |
| | 持续力:在中后期下降过快 | 全场生产性能 各个胎次生产性能分解 | 畜牧营养的配方使用,和饲料采购中饲料检验 |
| | 干奶天数:>70天比例为15% | 月度牧场牛只变动情况 | 超过了目标值,关注干奶业务管理 |
| | 产犊间隔:过长,达到478天 | 产后90天未配牛只 产后180天未孕牛只 后备牛体测汇总报表 三类牛比例—体况评分综合统计 | 关注繁殖条线的业务操作和畜牧营养方面的配方调整 |
| 饲料成本 | 精粗比例 | | |
| | 吨奶中饲料成本比例 | | |

**续表 6-34**

| 影响利润的核心因素 | 相关的主要业务指标 | 请参阅相关分析报表 | 需要关注的对应业务环节 |
|---|---|---|---|
| 牛只资产 | 牛只淘汰:过高 | 月度牧场牛只变动情况牛只淘汰分析 | |
| | 流产或不正产:比例过高 | 当月产犊情况综合报表 | 关注围产期管理及营养配方调整 |
| | 平均配准天数:过长达到148天 | 当月产犊情况综合报表 | 关注繁殖条线的业务操作和畜牧营养方面的配方调整 |

# (二)影响奶价的因素及报表分解

**1. 全场脂蛋比分析**　见表 6-35。

**表 6-35　全场脂蛋比分析表**

| 泌乳阶段 | 牛头数 | 乳脂率(%) | 乳蛋白率(%) | 脂蛋比 | 参考值 | 是否正常 |
|---|---|---|---|---|---|---|
| ≤60 天 | 56 | 3.08 | 2.83 | 1.09 | 1.08−1.35 | 是 |
| 61~120 天 | 202 | 2.89 | 3.05 | 0.95 | 1.08−1.32 | 否 |
| 121~200 天 | 489 | 2.98 | 3.31 | 0.90 | 1.08−1.30 | 否 |
| 200 天以上 | 539 | 3.24 | 3.42 | 0.95 | 1.08−1.25 | 否 |

**2. 全场乳脂率低于 2.5%的统计分析**　见表 6-36。

**表 6-36　全场乳脂率低于 2.5%的统计分析表**

| 牛头数(头) | 泌乳天数(天) | 乳脂率(%) | 占测试牛比例(%) | 是否正常 |
|---|---|---|---|---|
| 239 | 155 | 2.25 | 18.58 | 否 |

**3. 体细胞全群统计分析**　详见表 6-37。

表 6-37 体细胞全群统计分析表 （千个/毫升）

| 标签 | ≤60 天 | | | | 61~120 天 | | | | 121~200 天 | | | | 200 天以上 | | | | 牛头数汇总 | 泌乳天数汇总 | 体细胞汇总 | 产量汇总 |
|---|---|---|---|---|---|---|---|---|---|---|---|---|---|---|---|---|---|---|---|---|
| | 牛头数 | 泌乳天数 | 体细胞 | 产量（千克） | 牛头数 | 泌乳天数 | 体细胞 | 产量（千克） | 牛头数 | 泌乳天数 | 体细胞 | 产量（千克） | 牛头数 | 泌乳天数 | 体细胞 | 产量（千克） | | | | |
| 经产牛 | 24 | 41.86 | 811.25 | 34.82 | 122 | 94.75 | 1270.48 | 26.00 | 342 | 166.25 | 1517.81 | 18.02 | 423 | 250.25 | 1569.05 | 15.18 | 911 | 141.39 | 1307.66 | 23.14 |
| <7万 | 12 | 36.00 | 30.75 | 40.83 | 68 | 96.00 | 24.81 | 33.89 | 93 | 160.00 | 31.73 | 25.72 | 106 | 256.00 | 40.03 | 21.96 | 279 | 137.00 | 31.83 | 30.60 |
| 7万~15万 | 2 | 42.00 | 99.50 | 50.10 | 12 | 93.00 | 98.17 | 34.26 | 24 | 173.00 | 102.13 | 22.21 | 88 | 254.00 | 104.32 | 18.90 | 126 | 140.50 | 101.03 | 31.37 |
| 15万~30万 | 4 | 48.00 | 242.50 | 40.88 | 7 | 94.00 | 246.14 | 38.11 | 42 | 169.00 | 214.36 | 20.76 | 59 | 263.00 | 206.15 | 14.93 | 112 | 143.50 | 227.29 | 28.67 |
| 30万~50万 | 1 | 48.00 | 423.00 | 44.10 | 8 | 93.00 | 403.63 | 24.71 | 35 | 165.00 | 375.57 | 19.71 | 27 | 251.00 | 398.59 | 17.03 | 71 | 139.25 | 400.20 | 26.39 |
| 50万~100万 | 1 | 51.00 | 876.00 | 34.90 | 9 | 96.00 | 678.11 | 26.99 | 43 | 166.00 | 726.09 | 16.41 | 38 | 242.00 | 744.16 | 16.64 | 91 | 138.75 | 756.09 | 23.74 |
| 100万~200万 | 2 | 33.00 | 1451.00 | 5.50 | 5 | 92.00 | 1342.80 | 19.66 | 43 | 162.00 | 1434.79 | 14.47 | 43 | 245.00 | 1327.33 | 11.94 | 93 | 133.00 | 1388.98 | 12.89 |
| 200万~400万 | 2 | 35.00 | 2556.00 | 27.45 | 7 | 94.00 | 2765.71 | 14.70 | 34 | 163.00 | 2742.26 | 14.44 | 35 | 246.00 | 2876.06 | 10.23 | 78 | 134.50 | 2735.01 | 16.70 |

续表6-37

| 标签 | ≤60天 | | | | 61~120天 | | | | 121~200天 | | | | 200天以上 | | | | 牛头数汇总 | 泌乳天数汇总 | 体细胞汇总 | 产量汇总 |
|---|---|---|---|---|---|---|---|---|---|---|---|---|---|---|---|---|---|---|---|---|
| | 牛头数 | 泌乳天数 | 体细胞 | 产量（千克） | 牛头数 | 泌乳天数 | 体细胞 | 产量（千克） | 牛头数 | 泌乳天数 | 体细胞 | 产量（千克） | 牛头数 | 泌乳天数 | 体细胞 | 产量（千克） | | | | |
| 400万以上 | | | | | 6 | 100.00 | 4604.50 | 15.70 | 28 | 172.00 | 6515.54 | 10.47 | 27 | 245.00 | 6855.74 | 9.82 | 61 | 172.33 | 5991.93 | 12.00 |
| 头胎牛 | 32 | 39.29 | 2025.89 | 24.68 | 80 | 96.00 | 1488.54 | 26.39 | 147 | 161.38 | 1650.56 | 18.07 | 116 | 291.25 | 1517.14 | 15.00 | 375 | 150.45 | 1659.07 | 20.92 |
| <7万 | 18 | 32.00 | 37.78 | 31.14 | 55 | 95.00 | 31.07 | 29.91 | 79 | 160.00 | 23.57 | 25.86 | 72 | 300.00 | 32.29 | 21.64 | 224 | 146.75 | 31.18 | 27.14 |
| 7万~15万 | 2 | 38.00 | 73.00 | 33.50 | 7 | 87.00 | 96.43 | 27.44 | 10 | 166.00 | 100.70 | 27.50 | 11 | 284.00 | 92.64 | 18.55 | 30 | 143.75 | 90.69 | 26.75 |
| 15万~30万 | 5 | 29.00 | 246.60 | 30.26 | 2 | 107.00 | 194.00 | 30.20 | 10 | 159.00 | 222.10 | 18.60 | 6 | 284.00 | 211.83 | 14.45 | 23 | 144.75 | 218.63 | 23.38 |
| 30万~50万 | 3 | 30.00 | 416.33 | 18.07 | 2 | 108.00 | 322.00 | 12.65 | 11 | 161.00 | 416.91 | 16.65 | 5 | 307.00 | 439.60 | 16.18 | 21 | 151.50 | 398.71 | 15.89 |
| 50万~100万 | 1 | 47.00 | 1126.00 | 27.00 | 3 | 90.00 | 750.00 | 22.17 | 8 | 164.00 | 726.63 | 14.31 | 9 | 275.00 | 691.78 | 14.60 | 21 | 144.00 | 823.60 | 19.52 |
| 100万~200万 | 2 | 46.00 | 3714.50 | 22.00 | 3 | 84.00 | 1371.00 | 27.70 | 8 | 155.00 | 1527.63 | 17.11 | 5 | 388.00 | 1354.00 | 10.92 | 18 | 168.25 | 1991.78 | 19.43 |

续表 6-37

| 标签 | ≤60天 | | | | 61~120天 | | | | 121~200天 | | | | 200天以上 | | | | 牛头数汇总 | 泌乳天数汇总 | 体细胞汇总 | 产量汇总 |
|---|---|---|---|---|---|---|---|---|---|---|---|---|---|---|---|---|---|---|---|---|
| | 牛头数 | 泌乳天数 | 体细胞 | 产量（千克） | 牛头数 | 泌乳天数 | 体细胞 | 产量（千克） | 牛头数 | 泌乳天数 | 体细胞 | 产量（千克） | 牛头数 | 泌乳天数 | 体细胞 | 产量（千克） | | | | |
| 200万~400万 | 1 | 53.00 | 8567.00 | 10.80 | 2 | 93.00 | 2598.50 | 47.85 | 9 | 161.00 | 2506.89 | 14.22 | 4 | 275.00 | 2956.50 | 9.38 | 16 | 145.50 | 4157.22 | 20.56 |
| 400万以上 | | | | | 6 | 104.00 | 6545.33 | 13.23 | 12 | 165.00 | 7680.08 | 10.30 | 4 | 217.00 | 6358.50 | 14.28 | 22 | 162.00 | 6861.31 | 12.60 |
| 总计 | 56 | 40.57 | 1418.57 | 29.75 | 202 | 95.38 | 1379.51 | 26.20 | 489 | 163.81 | 1584.19 | 18.05 | 539 | 270.75 | 1543.09 | 15.09 | 1286 | 145.92 | 1483.37 | 22.03 |

**4. 体细胞 150 万个/毫升以上牛只统计**　见表 6-38。

表 6-38　体细胞 150 万个/毫升以上牛只统计表

| 泌乳阶段 | 牛头数 | 泌乳天数 | 体细胞数（万个/毫升） | 产奶量（千克） | 胎次损失奶量（千克） | 经济损失（元） |
|---|---|---|---|---|---|---|
| ≤60 天 | 5 | 43.00 | 422.160 | 21.94 | 3870.00 | 11610 |
| 61～120 天 | 23 | 98.00 | 412.061 | 17.40 | 21330.00 | 63990 |
| 121～200 天 | 100 | 166.00 | 420.864 | 12.91 | 97920.00 | 293760 |
| 200 天以上 | 84 | 247.00 | 411.535 | 10.42 | 88650.00 | 265950 |
| | | | | 合　计 | 211770.00 | 635310.00 |

**5. 体细胞本月上升为 150 万个/毫升以上的牛只分析**　见表 6-39。

表 6-39　体细胞本月上升为 150 万个/毫升以上的牛只分析表

| 泌乳阶段 | 牛头数 | 体细胞数（万个/毫升） | 前次体细胞数（万个/毫升） | 产奶量（千克） | 前次产奶量（千克） |
|---|---|---|---|---|---|
| ≤60 天 | 2 | 317.550 | 38.900 | 28.30 | 33.05 |
| 61～120 天 | 5 | 481.400 | 61.000 | 15.56 | 21.62 |
| 121～200 天 | 29 | 302.328 | 91.500 | 14.69 | 15.26 |
| 200 天以上 | 27 | 344.981 | 77.400 | 10.66 | 12.30 |

# （三）影响产奶量的因素及报表分解

**1. 月度牧场牛只变动情况**　见表 6-40。

表6-40　月度牧场牛只变动情况

统计日期:自2010-06-01至2010-06-30止

| 项目 | 牛只总数 | 母牛总数 | 合计 | 成母牛 泌乳牛 已孕 | 成母牛 泌乳牛 未孕 | 成母牛 干奶牛 已孕 | 成母牛 干奶牛 未孕 | 成母牛 超龄牛 已孕 | 成母牛 超龄牛 未孕 | 育成牛 19~30月龄 已孕 | 育成牛 19~30月龄 未孕 | 发育牛 7~18月龄 已孕 | 发育牛 7~18月龄 未孕 | 犊牛 0~6月龄 断奶 | 犊牛 0~6月龄 哺乳 | 公牛 成年 24月龄以上 | 公牛 未成年 7~24月龄 | 公牛 犊牛 0~6月龄 断奶 | 公牛 犊牛 0~6月龄 哺乳 |
|---|---|---|---|---|---|---|---|---|---|---|---|---|---|---|---|---|---|---|---|
| 月初存栏数 | 4168 | 4168 | 2090 | 705 | 963 | 412 | 1 | 7 | 2 | 500 | 54 | 241 | 806 | 460 | 17 | 0 | 0 | 6 | 16 |
| 泌乳 | 0 | 0 | 0 | 0 | 0 | 0 | 0 | 0 | 0 | 0 | 0 | 0 | 0 | 0 | 0 | 0 | 0 | 0 | 0 |
| 干奶 | 0 | 0 | 0 | -59 | 0 | 59 | 0 | 0 | 0 | 0 | 0 | 0 | 0 | 0 | 0 | 0 | 0 | 0 | 0 |
| 分娩产犊 | 107 | 0 | 34 | 0 | 104 | -70 | 0 | 0 | 0 | -34 | 0 | 0 | 0 | 0 | 53 | 0 | 0 | 0 | 54 |
| 足月死胎 | 0 | 0 | 0 | 0 | 9 | -9 | 0 | 0 | 0 | 0 | 0 | 0 | 0 | 0 | 0 | 0 | 0 | 0 | 0 |
| 不正产 | 0 | 0 | 0 | -11 | 21 | -10 | 0 | 0 | 0 | 0 | 0 | 0 | 0 | 0 | 0 | 0 | 0 | 0 | 0 |
| 受胎 | 0 | 0 | 0 | 218 | -218 | 0 | 0 | 0 | 0 | 62 | -62 | 54 | -54 | 0 | 0 | 0 | 0 | 0 | 0 |
| 淘汰 | -113 | -62 | -58 | -5 | -46 | -7 | 0 | 0 | 0 | -3 | 0 | 0 | -1 | 0 | 0 | 0 | 0 | 0 | -51 |
| 夭折 | 0 | 0 | 0 | 0 | 0 | 0 | 0 | 0 | 0 | 0 | 0 | 0 | 0 | 0 | 0 | 0 | 0 | 0 | 0 |

续表 6-40

统计日期:自 2010—06—01 至 2010—06—30 止

| 牛群＼项目 | 牛只总数 | 母牛总数 | 母牛 合计 | 成母牛 泌乳牛 已孕 | 成母牛 泌乳牛 未孕 | 成母牛 干奶牛 已孕 | 成母牛 干奶牛 未孕 | 超龄牛 已孕 | 超龄牛 未孕 | 育成牛 19~30月龄 已孕 | 育成牛 19~30月龄 未孕 | 发育牛 7~18月龄 已孕 | 发育牛 7~18月龄 未孕 | 犊牛 0~6月龄 断奶 | 犊牛 0~6月龄 哺乳 | 公牛 成年 24月龄以上 | 公牛 未成年 7~24月龄 | 公牛 犊牛 0~6月龄 断奶 | 公牛 犊牛 0~6月龄 哺乳 |
|---|---|---|---|---|---|---|---|---|---|---|---|---|---|---|---|---|---|---|---|
| 死亡 | -2 | 0 | 0 | 0 | 0 | 0 | 0 | 0 | 0 | 0 | 0 | 0 | 0 | -2 | 0 | 0 | 0 | 0 | 0 |
| 出售 | 0 | 0 | 0 | 0 | 0 | 0 | 0 | 0 | 0 | 0 | 0 | 0 | 0 | 0 | 0 | 0 | 0 | 0 | 0 |
| 移出 | 0 | 0 | 0 | 0 | 0 | 0 | 0 | 0 | 0 | 0 | 0 | 0 | 0 | 0 | 0 | 0 | 0 | 0 | 0 |
| 移入 | 8 | 8 | 0 | 0 | 0 | 0 | 0 | 0 | 0 | 0 | 8 | 0 | 0 | 0 | 0 | 0 | 0 | 0 | 0 |
| 更正 | 0 | 0 | 0 | 0 | 0 | 0 | 0 | 0 | 0 | 0 | 0 | 0 | 0 | 0 | 0 | 0 | 0 | 0 | 0 |
| 转群 | -390 | -355 | 0 | 0 | 0 | 0 | 0 | 0 | 0 | 0 | 0 | -145 | -210 | 0 | 0 | 0 | 0 | -35 | 0 |
| 转群 | 390 | 390 | 0 | 0 | 0 | 0 | 0 | 0 | 0 | 145 | 210 | 0 | 35 | 0 | 0 | 0 | 0 | 0 | 0 |
| 月末存栏数 | 4168 | 4149 | 2066 | 848 | 833 | 375 | 1 | 7 | 2 | 670 | 210 | 150 | 576 | 423 | 70 | 0 | 0 | 6 | 19 |

续表 6-40

统计日期：自 2010－06－01 至 2010－06－30 止

| 牛群 项目 | 牛只总数 | 母牛总数 合计 | 母牛 成母牛 泌乳牛 已孕 | 泌乳牛 未孕 | 干奶牛 已孕 | 干奶牛 未孕 | 超龄牛 已孕 | 超龄牛 未孕 | 育成牛 19~30月龄 已孕 | 育成牛 未孕 | 发育牛 7~18月龄 已孕 | 发育牛 未孕 | 犊牛 0~6月龄 断奶 | 犊牛 哺乳 | 公牛 成年 24月龄以上 | 公牛 未成年 7~24月龄 | 公牛 犊牛 0~6月龄 断奶 | 公牛 哺乳 |
|---|---|---|---|---|---|---|---|---|---|---|---|---|---|---|---|---|---|---|
| 月累计泌乳牛头天 | 47901 | 泌乳牛平均日产 18.64 千克 | | | | | | | | | | | | | | | | |
| 月累计成乳牛头天 | 62385 | 成乳牛平均日产 14.31 千克 | | | | | | | | | | | | | | | | |
| 总产量 | 892986 | 月度单产 559.27 千克 | | | | | | | | | | | | | | | | |

问题提示：泌乳牛中，有130头无胎无奶牛

**2. 各胎次泌乳曲线比对**　各个胎次泌乳曲线经历了由低到高,又逐渐下降的总体趋势基本一致,但在以下几方面有所不同。第一,在达到最高泌乳量胎次前(正常情况下一般为 5～6 胎),随胎次的增加,305 天泌乳量增加。第二,各胎次高峰日虽均出现在产后 40～60 天,但随胎次的增加,峰值奶量有所提高。第三,随胎次的增加,泌乳持续力下降。

**3. 分胎次 305 天产量统计分析**　见表 6-41。

表 6-41　分胎次 305 天产奶量统计分析表

| 行标签 | 平均泌乳天数<br>(天) | 平均 305 天产奶量<br>(千克) | 占牛群比例 |
|---|---|---|---|
| 经产牛 | 443 | 8050 | 45.76% |
| 头胎牛 | 452 | 7482 | 54.24% |
| 总　计 | 448 | 7742 | 100% |

**4. 全群生产性能**　见表 6-42。

表 6-42　全群生产性能表

| 泌乳阶段 | 牛头数 | 产奶量<br>(千克) | 乳脂率<br>(%) | 乳蛋白率<br>(%) | 脂蛋比 | 体细胞数<br>(万个/毫升) | 前次体细胞<br>(万个/毫升) | 平均泌乳天数 | 持续力 |
|---|---|---|---|---|---|---|---|---|---|
| ≤60 天 | 41 | 31 | 3.07 | 2.94 | 1.04 | 68.22 | 107.40 | 57.00 | 1.05 |
| 61～120 天 | 105 | 26 | 2.85 | 3.06 | 0.93 | 62.32 | 58.10 | 108.00 | 0.82 |
| 121～200 天 | 266 | 17 | 2.99 | 3.31 | 0.90 | 126.72 | 155.40 | 178.00 | 0.78 |
| 200 天以上 | 283 | 14 | 3.25 | 3.43 | 0.95 | 105.11 | 91.80 | 284.00 | 0.74 |

## 5. 各个胎次生产性能分解  见表 6-43。

表 6-43  各胎次生产性能分解

| 胎次阶段 | 泌乳阶段 | 牛头数 | 产奶量(千克) | 乳脂率(%) | 乳蛋白率(%) | 脂蛋比 | 体细胞数(万个/毫升) | 平均泌乳天数 | 持续力 | 前次体细胞(千个/毫升) |
|---|---|---|---|---|---|---|---|---|---|---|
| 头胎牛 | ≤60 天 | 24 | 28 | 3.03 | 2.84 | 1.07 | 77.55 | 61 | 1.05 | 997 |
| | 61～120 天 | 36 | 23 | 2.89 | 3.12 | 0.93 | 67.95 | 107 | 0.79 | 674 |
| | 121～200 天 | 69 | 18 | 2.92 | 3.27 | 0.89 | 124.35 | 179 | 0.81 | 2101 |
| | 200 天以上 | 53 | 15 | 3.06 | 3.32 | 0.92 | 56.99 | 338 | 0.78 | 1044 |
| 二胎牛 | ≤60 天 | 3 | 53 | 3.13 | 2.67 | 1.18 | 2.63 | 40 | 1.06 | 19 |
| | 60～120 天 | 31 | 27 | 2.70 | 3.11 | 0.87 | 72.90 | 107 | 0.82 | 626 |
| | 121～200 天 | 89 | 17 | 3.07 | 3.33 | 0.92 | 88.02 | 177 | 0.74 | 1144 |
| | 200 天以上 | 115 | 14 | 3.31 | 3.49 | 0.95 | 87.79 | 284 | 0.73 | 851 |
| 三胎以上 | ≤60 天 | 14 | 32 | 3.01 | 2.84 | 1.06 | 68.34 | 62 | 1.05 | 1023 |
| | 60～120 天 | 48 | 28 | 2.93 | 2.96 | 0.99 | 45.99 | 110 | 0.85 | 469 |
| | 121～200 天 | 106 | 17 | 2.99 | 3.32 | 0.90 | 154.90 | 181 | 0.81 | 1122 |
| | 200 天以上 | 117 | 14 | 3.28 | 3.44 | 0.95 | 147.07 | 258 | 0.77 | 653 |

**6. 高峰日、高峰产量对比分析**　见表6-44。

表6-44　高峰日、高峰产量对比分析

| 胎次阶段 | 牛头数 | 高峰日 | 高峰产量（千克） | 305天预计产量（千克） |
|---|---|---|---|---|
| 头胎牛 | 375 | 91.00 | 32.61 | 7779 |
| 二胎牛 | 418 | 70.00 | 40.57 | 9520 |
| 三胎以上 | 493 | 58.00 | 38.50 | 8524 |

**7. 因体细胞升高带来的经济损失**　见表6-45。

表6-45　因体细胞升高带来的经济损失

| 胎次阶段 | 标准体细胞阶段 | 牛头数 | 平均泌乳天数 | 体细胞平均值（万个/毫升） | 平均产奶量（千克） | 胎次损失奶量（千克） | 奶单价3.0元情况下的金额损失（元） |
|---|---|---|---|---|---|---|---|
| 经产牛 | <7万 | 279 | 175 | 3.32 | 26.93 | 0.00 | 0 |
| | 7万~15万 | 126 | 219 | 10.32 | 21.49 | 22680 | 68040 |
| | 15万~30万 | 112 | 209 | 21.30 | 19.49 | 40320 | 120960 |
| | 30万~50万 | 71 | 188 | 38.82 | 19.60 | 38340 | 115020 |
| | 50万~100万 | 91 | 189 | 73.05 | 17.76 | 65520 | 196560 |
| | 100万~200万 | 93 | 194 | 138.05 | 13.39 | 83700 | 251100 |
| | 200万~400万 | 78 | 190 | 279.96 | 12.91 | 84240 | 252720 |
| | 400万以上 | 61 | 197 | 647.81 | 10.70 | 76860 | 230580 |

**续表 6-45**

| 胎次阶段 | 标准体细胞阶段 | 牛头数 | 平均泌乳天数 | 体细胞平均值（万个/毫升） | 平均产奶量（千克） | 胎次损失奶量（千克） | 奶单价3.0元情况下的金额损失（元） |
|---|---|---|---|---|---|---|---|
| 头胎牛 | <7万 | 224 | 179 | 2.94 | 25.92 | 0 | 0 |
| | 7万～15万 | 30 | 182 | 9.49 | 24.61 | 2700 | 8100 |
| | 15万～30万 | 23 | 159 | 22.23 | 21.06 | 4140 | 12420 |
| | 30万～50万 | 21 | 172 | 41.32 | 16.36 | 5670 | 17010 |
| | 50万～100万 | 20 | 203 | 71.45 | 15.62 | 7200 | 21600 |
| | 100万～200万 | 17 | 205 | 142.53 | 17.74 | 7650 | 22950 |
| | 200万～400万 | 17 | 166 | 276.55 | 17.95 | 9180 | 27540 |
| | 400万以上 | 23 | 153 | 719.28 | 11.78 | 14490 | 43470 |
| | | | | | 合　计 | 462690.00 | 1388070.00 |

## 8. 产量下降过快牛只（持续力小于85%）情况　见表6-46。

**表 6-46　产量下降过快牛只（持续力小于85%）表**

| 胎次阶段 | 泌乳阶段 | 牛头数 | 泌乳天数 | 体细胞（万个/毫升） | 产奶量（千克） | 前次产奶量（千克） | 持续力（%） | 当月奶损失 | 当月损失金额 |
|---|---|---|---|---|---|---|---|---|---|
| 经产牛 | ≤60天 | 1 | 56 | 288.40 | 29.10 | 37.50 | 78 | 10.65 | 31.95 |
| | 61～120天 | 26 | 94 | 54.68 | 23.57 | 33.50 | 69 | 202.43 | 607.30 |
| | 121～200天 | 107 | 164 | 137.66 | 13.55 | 20.77 | 65 | 609.34 | 1828.01 |
| | 200天以上 | 152 | 266 | 121.30 | 10.77 | 16.39 | 64 | 542.79 | 1628.37 |

**续表 6-46**

| 胎次阶段 | 泌乳阶段 | 牛头数 | 泌乳天数 | 体细胞（万个/毫升） | 产奶量（千克） | 前次产奶量（千克） | 持续力（%） | 当月奶损失 | 当月损失金额 |
|---|---|---|---|---|---|---|---|---|---|
| 头胎牛 | ≤60 天 | 3 | 44 | 288.13 | 14.03 | 21.67 | 66 | 26.07 | 78.21 |
| | 61～120 天 | 19 | 97 | 119.00 | 17.48 | 26.32 | 66 | 128.01 | 384.02 |
| | 121～200 天 | 33 | 160 | 152.65 | 14.32 | 20.69 | 68 | 162.18 | 486.55 |
| | 200 天以上 | 27 | 340 | 76.66 | 12.33 | 17.69 | 68 | 85.64 | 256.92 |
| 合　计 | | | | | | | | 1767.11 | 5301.33 |

# （四）影响牛只资产的因素及报表分解

## 1. 繁殖指标报告　见表 6-47。

**表 6-47　繁殖指标报告表**

| 产犊间隔 | 平均配准天数 | 头胎首次输精平均天数 | 经产牛首次输精平均天数 | 成乳牛 1 次受胎率（%） | 后备牛 1 次受胎率（%） | 平均输精间隔天数 | 平均投产月龄 | 后备牛初配平均月龄 |
|---|---|---|---|---|---|---|---|---|
| 478 | 148.00 | 76.00 | 80.00 | 49,09 | 59.68 | 30.00 | 26.10 | 15.40 |

## 2. 产后 90 天未配牛只　见表 6-48 及其柱形图。

**表 6-48　产后 90 天未配牛只**

| 胎次 | 泌乳天数 | 牛头数 |
|---|---|---|
| 1 | 205 | 7 |
| 2 | 125 | 6 |
| 3 | 115 | 2 |
| 4 | 191 | 2 |
| 5 | 237 | 2 |
| 6 | 132 | 1 |
| 总计 | 170 | 20 |

## 3. 当月产犊综合情况表　见表 6-49。

**表 6-49　当月产犊综合情况表**

| 流产头数 | 流产时妊娠平均天数 | 当月产犊（正产） | 正产平均妊娠天数 | 当月足月死胎 | 足月死胎平均妊娠天数 |
|---|---|---|---|---|---|
| 8 | 161 | 70.00 | 277.00 | 9 | 276.00 |

## 4. 产后 180 天未孕牛只　见表 6-50 及其柱形图。

**表 6-50　产后 180 天未孕牛只**

180 天未孕牛只胎次分布

| 胎次 | 牛头数 | 平均泌乳天数 |
|---|---|---|
| 1 | 93 | 285 |
| 2 | 105 | 257 |
| 3 | 74 | 239 |
| 4 | 55 | 233 |
| 5 | 17 | 226 |
| 6 | 9 | 231 |
| 7 | 4 | 228 |
| 总计 | 357 | 255 |

## 5. 后备牛体测汇总报表　见表 6-51。

**表 6-51　后备牛体测汇总报表**

| 体测月龄 | 测量头数 | 平均月龄 | 平均体高（厘米） | 标准体高（厘米） | 平均体重（千克） | 标准体重（千克） | 体高合格头数 | 体重合格头数 | 体高合格率 | 体重合格率 |
|---|---|---|---|---|---|---|---|---|---|---|
| 3 | 4 | 3.7 | 97 | 97 | 160 | 117 | 2 | 4 | 50% | 100% |
| 4 | 34 | 4.5 | 99 | 100 | 167 | 140 | 14 | 34 | 41% | 100% |
| 5 | 82 | 5.6 | 105 | 103 | 205 | 164 | 68 | 79 | 83% | 96% |
| 6 | 24 | 6.3 | 107 | 106 | 198 | 187 | 14 | 17 | 58% | 71% |

## 续表 6-51

| 体测月龄 | 测量头数 | 平均月龄 | 平均体高（厘米） | 标准体高（厘米） | 平均体重（千克） | 标准体重（千克） | 体高合格头数 | 体重合格头数 | 体高合格率 | 体重合格率 |
|---|---|---|---|---|---|---|---|---|---|---|
| 7 | 2 | 7.5 | 108 | 109 | 216 | 211 | 1 | 2 | 50% | 100% |
| 8 | 1 | 8.4 | 108 | 112 | 204 | 234 | 0 | 0 | 0% | 0% |
| 9 | 1 | 9.3 | 118 | 115 | 243 | 258 | 1 | 0 | 100% | 0% |
| 10 | 1 | 11 | 119 | 118 | 322 | 281 | 1 | 1 | 100% | 100% |
| 11 | 10 | 11.7 | 120 | 121 | 334 | 305 | 5 | 8 | 50% | 80% |
| 12 | 22 | 12.5 | 123 | 123 | 351 | 328 | 10 | 14 | 45% | 64% |
| 13 | 114 | 13.6 | 123 | 125 | 374 | 352 | 39 | 91 | 34% | 80% |
| 14 | 154 | 14.5 | 125 | 127 | 383 | 375 | 43 | 93 | 28% | 60% |
| 15 | 149 | 15.5 | 125 | 129 | 397 | 399 | 30 | 73 | 20% | 49% |
| 16 | 59 | 16.5 | 127 | 130 | 408 | 422 | 11 | 20 | 19% | 34% |
| 17 | 36 | 17.4 | 129 | 131 | 424 | 446 | 11 | 15 | 31% | 42% |
| 18 | 7 | 18.5 | 129 | 132 | 454 | 469 | 1 | 2 | 14% | 29% |
| 19 | 13 | 19.5 | 132 | 133 | 501 | 493 | 4 | 9 | 31% | 69% |
| 20 | 5 | 20.5 | 132 | 134 | 513 | 516 | 2 | 2 | 40% | 40% |
| 21 | 6 | 21.4 | 135 | 135 | 552 | 540 | 4 | 4 | 67% | 67% |
| 22 | 8 | 22.5 | 135 | 136 | 557 | 563 | 3 | 2 | 38% | 25% |
| 23 | 9 | 23.6 | 135 | 137 | 557 | 587 | 3 | 2 | 33% | 22% |
| 24 | 13 | 24.6 | 136 | 138 | 568 | 610 | 5 | 2 | 38% | 15% |
| 25 | 5 | 25.5 | 138 | 139 | 591 | 633 | 3 | 1 | 60% | 20% |
| 26及以上 | 12 | 27.7 | 136 | 140 | 614 | 653 | 4 | 3 | 33% | 25% |
| 合计 | 771 | | | | | | 279 | 478 | 36% | 62% |

该牛场的 6 月龄体重偏低,严重影响消化系统的发育,后天的产奶性能无法充分发挥。

**6. 16 月龄未配牛只汇总**　见表 6-52。

表 6-52　16 月龄未配牛只汇总表

| 月　龄 | 未配牛头数<br>(头) | 比　例<br>(%) | 体　重<br>(千克) | 体　高<br>(米) | 备　注 |
|---|---|---|---|---|---|
| 16 | 30 | 10 | 391 | 1.25 | |
| 17 | 10 | 7 | 400 | 1.26 | |
| 18 | 3 | 1 | 430 | 1.28 | |
| 19 | 1 | 0.4 | 500 | 1.31 | |
| 20 | | | | | |
| 21 | | | | | |
| 22 | | | | | |
| 合　计 | 44 | 18.4 | 430 | 1.28 | |

**7. 月度疾病统计报告**　见表 6-53 及其饼形图。

表 6-53　月度疾病统计表

| 行标签 | 发病牛头数 | 占牛群比例 | 行标签 | 发病牛头数 | 占牛群比例 |
|---|---|---|---|---|---|
| 泌乳系统 | 360 | 17.42% | 子宫内膜炎 | 7 | |
| 干奶乳房炎 | 40 | | 静　止 | 4 | |
| 开奶坏奶 | 24 | | 产褥热 | 10 | |
| 临床乳房炎 | 291 | | 四肢疾病 | 20 | 0.97% |
| 血　乳 | 5 | | 腐　蹄 | 15 | |
| 其他疾病 | 2 | 0.10% | 坏　脚 | 1 | |

**续表 6-53**

| 行标签 | 发病牛头数 | 占牛群比例 | 行标签 | 发病牛头数 | 占牛群比例 |
|---|---|---|---|---|---|
| 高　热 | 1 | | 趴　脚 | 1 | |
| 微　热 | 1 | | 起立困难 | 1 | |
| 生殖泌尿系统 | 48 | 2.32% | 卧地不起 | 2 | |
| 胎衣不下 | 13 | | 消化系统 | 186 | 9.00% |
| 子宫脱出 | 1 | | 腹　泻 | 182 | |
| 子宫粘连 | 1 | | 前胃弛缓 | 4 | |
| 卵巢囊肿 | 12 | | 总　计 | 616 | 29.82% |

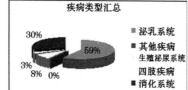

**8. 牛只淘汰分析**　见表 6-54 及其分布图,表 6-55 及其分布图。

**表 6-54　牛只淘汰原因分析:A**

| 行标签 | 牛头数 | 平均泌乳天数 | 淘汰价格(元) |
|---|---|---|---|
| 败血症 | 1 | 19.00 | 4200 |
| 趴　脚 | 3 | 328.00 | 5180 |
| 乳房炎 | 36 | 250.42 | 5419 |
| 卧地不起 | 3 | 97.33 | 4340 |
| 无　奶 | 5 | 215.00 | 5670 |

**续表 6-54**

| 行标签 | 牛头数 | 平均泌乳天数 | 淘汰价格(元) |
|---|---|---|---|
| 无胎无奶 | 6 | 550.83 | 5740 |
| 消化道 | 3 | 78.67 | 4270 |
| 心包炎 | 1 | 100.00 | 4200 |
| 早产,无奶 | 1 | 645.00 | 5775 |
| 肢蹄病 | 2 | 147.00 | 5040 |
| 子宫脱出 | 1 | 7.00 | 4200 |
| 总　计 | 62 | 257.61 | 5286 |

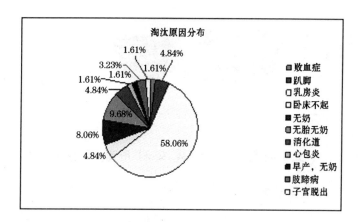

**表 6-55　牛只淘汰原因分析:B**

| 胎　次 | 牛头数 | 平均泌乳天数 | 淘汰价格(元) |
|---|---|---|---|
| 1 | 14 | 219.93 | 4980 |
| 2 | 12 | 329.83 | 5583 |
| 3 | 23 | 290.96 | 5414 |

**续表 6-55**

| 胎　次 | 牛头数 | 平均泌乳天数 | 淘汰价格（元） |
|---|---|---|---|
| 4 | 7 | 177.71 | 5310 |
| 5 | 2 | 235.00 | 5828 |
| 6 | 2 | 264.50 | 5145 |
| （空白） | | | |
| 总　计 | 60 | 266.20 | 5339 |

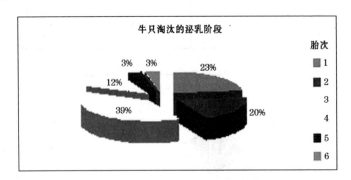

# （五）饲料成本构成及利用效率分析

**1. 尿素氮报表**　见表 6-56。

**表 6-56　尿素氮报表**

| 牛　舍 | 头　数 | 平均泌乳天数 | 平均产奶量（千克） | 乳蛋白率（%） | 尿素氮（毫克/100 毫升） |
|---|---|---|---|---|---|
| 1 | 279 | 267 | 23.56 | 3.68 | 13.87 |
| 2 | 446 | 61 | 33.28 | 2.97 | 16.97 |
| 3 | 296 | 117 | 19.3 | 3.73 | 17.01 |

续表 6-56

| 牛 舍 | 头 数 | 平均泌乳天数 | 平均产奶量（千克） | 乳蛋白率（%） | 尿素氮（毫克/100毫升） |
|---|---|---|---|---|---|
| 4 | 224 | 42 | 26.8 | 2.99 | 17.4 |
| 6 | 422 | 193 | 18.47 | 3.64 | 14.77 |
| 7 | 231 | 181 | 12.85 | 3.62 | 11.68 |
| 8 | 433 | 142 | 26.67 | 3.31 | 14.65 |
| 小 计 | 2331 | 141 | 24.12 | 3.33 | 15.6 |

## 2. 体况评分(三类牛比例)　见表6-57。

表 6-57　体况评分

| 行标签 | 牛头数 | 平均胎次 | 平均评分 | 牛只类型数量 | 占全群比例 |
|---|---|---|---|---|---|
| 干奶牛 | 135 | 2.43 | 3.38 | 380.00 | 35.53% |
| 过　胖 | 57 | 1.96 | 3.85 | | |
| 过　瘦 | 78 | 2.77 | 3.03 | | |
| 晚期牛 | 350 | 2.51 | 2.91 | 523.00 | 66.92% |
| 过胖牛 | 26 | 2.46 | 3.54 | | |
| 过瘦牛 | 324 | 2.52 | 2.86 | | |
| 早期牛 | 2 | 3.00 | 3.35 | 150.00 | 1.33% |
| 过胖牛 | 2 | 3.00 | 3.35 | | |
| 中期牛 | 190 | 2.63 | 2.87 | 531.00 | 35.78% |
| 过　胖 | 50 | 2.98 | 3.41 | | |
| 过　瘦 | 140 | 2.50 | 2.68 | | |
| 总　计 | 677 | 2.53 | 3.00 | 1584.00 | 42.74% |

# （六）牧场改进建议及业务跟踪

## 1. 营养管理

（1）经产牛 0～60 天日粮　见表 6-58，表 6-59。

**表 6-58　经产牛生产参数**

| 泌乳天数 | 平均产奶量（千克） | 乳脂率（%） | 乳蛋白率（%） | 当前体重（千克） | 成年体重（千克） | 生长（千克/天） | 温度（℃） | 犊牛初生重（千克） | 妊娠天数 |
|---|---|---|---|---|---|---|---|---|---|
| 60 | 32 | 3.08 | 2.84 | 630 | | −0.7 | 30 | 40 | 0 |

**表 6-59　经产牛目前使用的日粮营养成分**

| 饲料成本 | DMI（千克/天） | NEL（兆卡/千克） | CP（%） | RUP（%） | RDP（%） | NFC（%） | CF（%） | NDF（%） | ADF（%） | 长粗饲料NDF占DM | EE（%） |
|---|---|---|---|---|---|---|---|---|---|---|---|
| 56.8元/头天 | 19.8 | 1.68 | 17.5 | 7.8 | 9.8 | 38.6 | 14 | 34.5 | 18.3 | 22.2 | 4.3 |
| 精：粗 | Ca（%） | P（%） | K（%） | Na（%） | Zn（毫克） | Se（毫克） | VA KIU | VD KIU | VE IU | | |
| 66：34 | 0.29 | 0.44 | 0.89 | 0.07 | 91 | 0.5 | 100 | 19 | 553 | | |

注：DMI—干物质进食量；NEL—产奶净能；CP—粗蛋白质；RUP—瘤胃非降解蛋白质；RDP—瘤胃降解蛋白质；NFC—非纤维碳水化合物；CF—粗纤维；NDF—中性洗涤纤维；ADF—酸性洗涤纤维；EE—粗脂肪；Ca—钙；P—磷；K—钾；Na—钠；Zn—锌；Se—硒；VA—维生素 A；VD—维生素 D；VE—维生素 E，下表同

（2）经产牛牛群日粮营养分析　精粗比例不合理，减少精饲料数量；能蛋比不合理，减少蛋白质饲料使用量；脂蛋比不合理；钙、磷比例不合理，提高钙使用量。

（3）建议经产牛日粮营养指标　见表 6-60。

### 表 6-60　经产牛日粮营养指标

| 饲料成本 | DMI（千克/天） | NEL（兆卡/千克） | CP（%） | RUP（%） | RDP（%） | NFC（%） | CF（%） | NDF（%） | ADF（%） | 长粗饲料 NDF 占 DM | EE（%） |
|---|---|---|---|---|---|---|---|---|---|---|---|
| | 20.8 | 1.69 | 16.8 | 6.6 | 10.2 | 39.2 | 17.8 | 34.8 | 20.6 | 23.6 | 5.9 |
| 精：粗 | Ca（%） | P（%） | K（%） | Na（%） | Zn（毫克） | Se（毫克） | VA（KIU） | VD（KIU） | VE（IU） | | |
| 2.56875 | 1.03 | 0.5 | 1.09 | 0.37 | 108 | 0.8 | 112 | 31 | 580 | | |

## 2. 保健管理建议

(1)体细胞数 100 万个/毫升以上的牛只分析　见表 6-61。

### 表 6-61　体细胞数 100 万个/毫升以上的牛只明细表

| 序　号 | 牛　号 | 泌乳天数（天） | 产奶量（千克） | 体细胞数（万个/毫升） | 月度估测奶损失（千克） | 月度估测经济损失（元） |
|---|---|---|---|---|---|---|
| 1 | 11806058 | 9 | 27 | 475 | 171.82 | 619 |
| 2 | 11805052 | 13 | 30 | 125 | 128.57 | 463 |
| 3 | 11806072 | 14 | 25.5 | 251 | 109.29 | 393 |
| 4 | 11801035 | 18 | 45.5 | 111 | 195 | 702 |
| 5 | 11806046 | 19 | 12.5 | 212 | 53.57 | 193 |
| 6 | 11806075 | 25 | 18 | 162 | 77.14 | 278 |
| 7 | 11803069 | 30 | 38 | 261 | 162.86 | 586 |
| 8 | 11805060 | 37 | 21.5 | 200 | 92.14 | 332 |
| 9 | 11801105 | 38 | 31 | 168 | 132.86 | 478 |

**续表 6-61**

| 序 号 | 牛 号 | 泌乳天数（天） | 产奶量（千克） | 体细胞数（万个/毫升） | 月度估测奶损失（千克） | 月度估测经济损失（元） |
|---|---|---|---|---|---|---|
| 10 | 11802035 | 39 | 32 | 475 | 203.64 | 733 |
| 11 | 11803059 | 55 | 31.5 | 172 | 135 | 486 |
| 12 | 11803040 | 67 | 33 | 281 | 141.43 | 509 |
| 13 | 11803013 | 136 | 17.5 | 360 | 111.36 | 401 |
| 14 | 11802051 | 264 | 17.5 | 238 | 75 | 270 |
| 15 | 11804194 | 290 | 33.5 | 246 | 143.57 | 517 |
| 16 | 11803072 | 297 | 29 | 340 | 184.55 | 664 |
| 17 | 11805031 | 359 | 29 | 194 | 124.29 | 447 |
| 18 | 11804114 | 382 | 5 | 104 | 12.16 | 44 |
| 19 | 11802105 | 428 | 5.5 | 103 | 13.38 | 48 |
| 汇 总 | 19 | 132 | 25.39 | 244 | 2267.63 | 8163 |

(2)体细胞100万个/毫升以上处理方案

其一,隐性乳房炎检测。

其二,隐性乳房炎＋＋以上乳区挤奶后要求:奶杯消毒;手工挤净此乳区;用消炎药外敷。

其三,采样检测细菌种类。

**3. 繁殖管理建议**

(1)180天未孕牛分析 见表6-62。

### 表 6-62　180 天未孕牛只明细

| 牛　号 | 最近分娩日期 | 疾病名称 | 建议治疗方案 | 治疗日期 | 治疗方法 | 治疗结果 |
|---|---|---|---|---|---|---|
| 1180510020 | 2001-4-1 | 胎衣不下 | 清洗子宫 | | | |
| 118051011 | 2010-12-1 | 卵巢囊肿 | 激素 HCG | | | |
| 118052001 | 2010-12-30 | 持久黄体 | 激素 PG | | | |
| 118051108 | 2011-2-1 | 子宫内膜炎 | 抗生素 | | | |
| 118051205 | 2010-11-20 | 卵巢静止 | 激素调节 | | | |

(2)180 天未孕牛处理方案　见表 6-62。

# 第七章 DHI信息扩展应用

## 一、利用DHI产奶量等信息进行前期日粮适宜营养浓度诊断

### （一）前期日粮适宜营养浓度的重要性

奶牛产后干物质采食量受限,奶牛摄入的营养不能满足产奶的需要,随即带来的是营养负平衡导致的奶牛体内储备的分解。当奶牛体内储备的分解造成的掉膘消瘦达到一定限度时,将影响产后奶牛的正常发情。由于奶牛产后泌乳前期干物质采食量很低,直到第十周以后才达到最大值,有一个由低到高逐步增加的过程,而产奶量却提高较快,第七周左右可达到峰值。因此,奶牛泌乳前期,特别是前10周,不仅需要高浓度营养的日粮,而且若要真正满足其营养需要,还应是一个天天变动营养浓度的日粮,即这一期间满足其营养需要的日粮营养浓度始终处于动态变化之中。奶牛是反刍畜,日粮中必须有50%左右的粗饲料,而粗饲料营养浓度相对较低,这决定了不可能配制出日粮营养浓度特别高的日粮;奶牛作为反刍畜需要一个较稳定的瘤胃环境,也不能天天改变日粮。可行的办法是找到一个适宜的营养浓度,这一营养浓度在产后泌乳前几周,由于此时干物质采食量较低,使奶牛总营养处于负平衡状态,随采食量的增加,营养摄入量逐步由不足转为平衡,进而有所富余,直至达到较好体况时进行转群。

奶牛体重大、产奶量超强、产奶峰值较早,经历产后掉膘及恢复的过程是正常的,关键是通过日粮的合理供应,使奶牛体况尽量保持在合理范围之内。

## (二)诊断前期日粮营养浓度适宜与否的可能性

尽管奶牛泌乳前期日粮的营养有其特殊性和复杂性,但在我们已取得的研究成果中,在国内外饲养标准中,结合 DHI 产奶量等信息,将总营养需要、总营养摄入量、日粮营养余缺对体重的影响、体重变化对体况(分)的影响,以及适宜的体况分这些因素联系起来,就可以发现,从日粮能量(或粗蛋白质)浓度到奶牛体况有一条有诸多因素参与而相连的链条。只要有了产后至 120 天各周的产奶量,这一链条即可形成。选取 DHI 测定资料中的产奶量、泌乳天数,利用 Excel 程序的排序等功能,可以方便地得到牛群产后 120 天各周的产奶量。

**1. 总营养需要量** 总营养需要是维持需要加产奶需要之和。

(1)能量需要

维持需要(千焦/千克体重)$=356\times$ 体重$^{0.75}$(千克)

产奶需要(奶牛能量单位 NND/千克标准乳)$=$ 产奶(标准乳)量$\times1$

奶牛能量单位(NND)与产奶净能的转换:

$$\text{NND}(千焦)=\frac{产奶净能(千焦)}{3138}$$

(2)粗蛋白质需要

粗蛋白质维持需要(克)/千克体重$=4.6\times$ 体重$^{0.75}$(千克)

产奶粗蛋白质需要(克)/千克标准乳$=$ 产奶量(千克)$\times85$ 克

**2. 总营养摄入量** 应用美国奶牛营养需要 NRC(2001)的,与产后周数及体重、产奶量相关的泌乳前期干物质采食量(DMI)公式,即:

DMI(千克/天)＝(0.372×标准乳量＋0.0968×体重$^{0.75}$)×
$[(1-e^{(-0.192)×(产犊后周数+3.67)})]$

总营养摄入量＝DMZ×日粮浓度

### 3. 日粮营养余缺对体重的影响

(1)能量对体重的影响

①营养负平衡体重下降时：

下降体重(千克)＝营养差(NND)÷6.56

②营养富余体重增加时：

增加体重(千克)＝营养差(NND)÷8.00

(2)蛋白质(CP)对体重的影响

①营养负平衡体重下降时：

下降体重(千克)＝营养差(粗蛋白质/克)÷385

②营养富余体重增加时：

增加体重(千克)＝营养差(粗蛋白质/克)÷500

### 4. 体重变化折合体况分

1体况分＝体重变化(千克)÷55

### 5. 日粮营养余缺对理想体况分的影响

(1)日粮能量浓度对体况分的影响

①摄入营养不足时：

体况下降分数＝(DMI×日粮能量浓度－总能量需要量)÷
6.56÷55

②摄入营养富余时：

体况增加分数＝(DMI×日粮能量浓度－总能量需要量)÷
8.00÷55

(2)日粮蛋白浓度对体况分的影响

①摄入营养不足时：

体况下降分数＝(DMI×日粮蛋白浓度－总蛋白需要量)÷
385÷55

②摄入营养富余时:

体况增加分数=(DMI×日粮蛋白浓度-总蛋白需要量)÷500÷55

(3)各周体况分

各周动态体况分=分娩体况分与已过各周体况分的累加

**6. 理想体况分** 理想分娩体况分为 3.25 分,幅度 3.0~3.5 分;泌乳前期最好不低于 2.75 分,幅度 2.50~3.25 分;转换到中期日粮时不低于 3.0 分。

## (三)泌乳前期日粮营养浓度简易诊断程序

**1. 程序编制框图** 见图 7-1。

**2. Excel 程序实例** 建立 Excel 计算表(表 7-1)。

第一,输入计算表框架及第 B 列的 5~20 行各周数(1~16)。

第二,输入据 DHI 测定资料整理好的牛群产后 1~16 各周的产奶量。

第三,输入计算表第五行 C~K 各列各单元格的计算用公式:

C5 单元格=[0.372×B5+0.0968×POWER(C\$2,0.75)]×{[(1-EXP((-0.192)×(A5+3.67)]}

对以下 C6:C20 各单元格,在工作表中向下拖拽该单元格的填充柄填充。

D5 单元格=356×POWER(C\$2,0.75)/3138+B5×1,对以下 D6:D20 各单元格,在工作表中向下拖拽该单元格的填充柄填充。

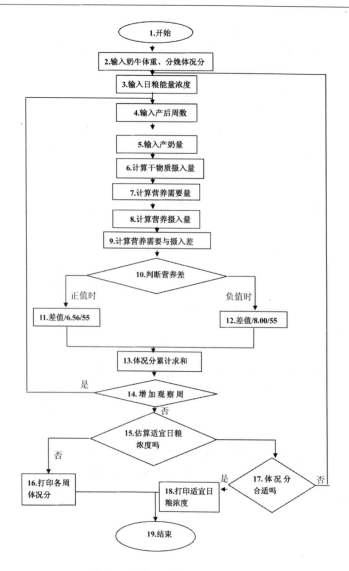

图 7-1 前期日粮营养能量浓度调控程序编制框图

## 一、利用 DHI 产奶量等信息进行前期日粮适宜营养浓度诊断

### 表 7-1　305 天产奶 8.0 吨奶牛日粮营养(能量 NND/kg)计算表

| 行\列 | A | B | C | D | E | F | G | H | I | J | K |
|---|---|---|---|---|---|---|---|---|---|---|---|
| 1 | 场别 | 时间 | 牛只体重 | | 日粮能量 | | | | | | 分娩体分 |
| 2 | | | 550 | | 2.31 | | | | | | 3.25 |
| 3 | | | | | | | | | | | |
| 4 | 产后周别 | 产奶量 | 采食量 | 需能量 | 日粮中可提供 | 日缺能 | 日体重减 | 7日体重减 | 累计体重减 | 折合体分 | 体况分 |
| 5 | 1 | 21.20 | 11.18 | 34.08 | 25.82 | 8.26 | 1.26 | 8.82 | 8.82 | 0.16 | 3.09 |
| 6 | 2 | 24.80 | 13.41 | 37.68 | 30.98 | 6.70 | 1.02 | 7.15 | 15.97 | 0.29 | 2.96 |
| 7 | 3 | 27.50 | 15.33 | 40.38 | 35.40 | 4.98 | 0.76 | 5.31 | 21.28 | 0.39 | 2.86 |
| 8 | 4 | 29.40 | 16.90 | 42.28 | 39.04 | 3.24 | 0.49 | 3.46 | 24.74 | 0.45 | 2.80 |
| 9 | 5 | 30.90 | 18.23 | 43.78 | 42.12 | 1.67 | 0.25 | 1.78 | 26.52 | 0.48 | 2.77 |
| 10 | 6 | 32.40 | 19.45 | 45.28 | 44.92 | 0.36 | 0.06 | 0.39 | 26.91 | 0.49 | 2.76 |
| 11 | 7 | 32.90 | 20.24 | 45.78 | 46.75 | −0.96 | −0.12 | −0.84 | 26.07 | 0.47 | 2.78 |
| 12 | 8 | 33.20 | 20.86 | 46.08 | 48.19 | −2.10 | −0.26 | −1.84 | 24.22 | 0.44 | 2.81 |
| 13 | 9 | 33.10 | 21.26 | 45.98 | 49.11 | −3.13 | −0.39 | −2.74 | 21.49 | 0.39 | 2.86 |
| 14 | 10 | 32.66 | 21.47 | 45.54 | 49.59 | −4.04 | −0.51 | −3.54 | 17.95 | 0.33 | 2.92 |
| 15 | 11 | 32.22 | 21.61 | 45.10 | 49.91 | −4.80 | −0.60 | −4.20 | 13.75 | 0.25 | 3.00 |
| 16 | 12 | 31.78 | 21.69 | 44.66 | 50.10 | −5.44 | −0.68 | −4.76 | 8.99 | 0.16 | 3.09 |
| 17 | 13 | 31.34 | 21.73 | 44.22 | 50.19 | −5.97 | −0.75 | −5.22 | 3.76 | 0.07 | 3.18 |
| 18 | 14 | 30.90 | 21.73 | 43.78 | 50.20 | −6.42 | −0.80 | −5.62 | −1.85 | −0.03 | 3.28 |
| 19 | 15 | 30.46 | 21.70 | 43.34 | 50.14 | −6.80 | −0.85 | −5.95 | −7.80 | −0.14 | 3.39 |
| 20 | 16 | 30.02 | 21.65 | 42.90 | 50.02 | −7.12 | −0.89 | −6.23 | −14.02 | −0.25 | 3.50 |

　　E5 单元格＝C5×＄E＄3,对以下 E6：E20 各单元格,在工作表中向下拖拽该单元格的填充柄填充。

F5 单元格＝D5－E5,对以下 F6：F20 各单元格,在工作表中向下拖拽该单元格的填充柄填充。

G5 单元格＝F5/6.56,对以下 G6：G20 各单元格,视 F5 单元格的值而定:

①当 F5 单元格为正值时,在工作表中向下拖拽该单元格的填充柄填充。

②当 F5 单元格为负值时,G5 单元格＝F5/6.56 中的 6.56 改为 8.00,然后在工作表中向下拖拽该单元格的填充柄填充。

H5 单元格＝G5×7,对以下 H6：H20 各单元格,在工作表中向下拖拽该单元格的填充柄填充。

I5 单元格＝H5,I6 单元格＝I5＋H6,对以下 I6：I20 各单元格,在工作表中向下拖拽该单元格的填充柄填充。

J5 单元格＝I28/55,对以下 J6：J20 各单元格,在工作表中向下拖拽该单元格的填充柄填充。

K5 单元格＝K＄2－J5,对以下 K6：K20 各单元格,在工作表中向下拖拽该单元格的填充柄填充。

第四,根据自己牛场实际,在第二行相应位置填入牛只体重、日粮能量(NND)、分娩体况分值。填入这些值以前,程序默认这些值为0,计算表中所有应用这些值的有关单元格的计算结果也均是这些值为0得到的数值。

第五,泌乳前期日粮营养浓度诊断。

在相应位置输入牛只体重、日粮能量(NND)、分娩体况分值后,计算表中会有一系列自动计算,此时还应特别注意 G5 单元格的情况,根据正负值进行相应操作。然后查看 K 列 5～20 各行的值,若其最低值不小于 2.75,10～20 周之间可达到 3.0,即判断为营养浓度合适。

若计算表 K 列 5～20 各行中最低值小于 2.75,即判断为营养浓度偏低,体况分小于 2.75 的最直接后果是影响产后母牛发情。

若计算表 K 列 5～20 各行中最低值不小于 2.75,但在产后 10 周中体况分大于 3.0,则判断为营养浓度偏高,因为产犊 10 周母牛的干物质采食量才较为稳定。同时,营养浓度太高也是浪费。

第六,泌乳前期日粮适宜营养浓度估算。

当泌乳前期日粮营养浓度不合适时,须改变计算表 E 列 2 行的数值,然后注意 G5 单元格的正负值情况,进行相应操作,直到输入 E 列 2 行单元格的数值,使计算表 K 列 5～20 各行中体况分值满意为止。表 7-1 显示了 305 天产奶 8.0 吨左右奶牛日粮能量浓度估算结果,即每千克绝干日粮中应含 2.31 个奶牛能量单位。

日粮蛋白质浓度估算如表 7-2,将有关公式中的参数修改后,计算判断过程相同,不再赘述。

**表 7-2　305 天产奶 8.0 吨奶牛日粮营养(蛋白质 g/kg)计算表**

| 行＼列 | A | B | C | D | E | F | G | H | I | J | K |
|---|---|---|---|---|---|---|---|---|---|---|---|
| 1 | 场别 | 时间 | 牛只体重 | | 日粮蛋白质 | | | | | | 分娩体分 |
| 2 | | | 550 | | 166.8 | | | | | | 3.25 |
| 3 | | | | | | | | | | | |
| 4 | 产后周别 | 产奶量 | 采食量 | 需蛋白质 | 日粮中可提供 | 日缺 | 日体重减 | 7 日体重减 | 累计体重减 | 折合体分 | 体况分 |
| 5 | 1 | 21.20 | 11.18 | 2324.43 | 1864.5 | 459.90 | 1.19 | 8.36 | 8.36 | 0.15 | 3.10 |
| 6 | 2 | 24.80 | 13.41 | 2630.43 | 2237.1 | 393.30 | 1.02 | 7.15 | 15.51 | 0.28 | 2.97 |
| 7 | 3 | 27.50 | 15.33 | 2859.93 | 2556.5 | 303.46 | 0.79 | 5.52 | 21.03 | 0.38 | 2.87 |
| 8 | 4 | 29.40 | 16.90 | 3021.43 | 2819.2 | 202.26 | 0.53 | 3.68 | 24.71 | 0.45 | 2.80 |
| 9 | 5 | 30.90 | 18.23 | 3148.93 | 3041.2 | 107.76 | 0.28 | 1.96 | 26.67 | 0.48 | 2.77 |
| 10 | 6 | 32.40 | 19.45 | 3276.43 | 3243.7 | 32.71 | 0.08 | 0.59 | 27.26 | 0.50 | 2.75 |

**续表 7-2**

| 行\列 | 产后周别 | 产奶量 | 采食量 | 需蛋白质 | 日粮中可提供 | 日缺 | 日体重减 | 7日体重减 | 累计体重减 | 折合体分 | 体况分 |
|---|---|---|---|---|---|---|---|---|---|---|---|
| 11 | 7 | 32.90 | 20.24 | 3318.93 | 3375.6 | −56.71 | −0.11 | −0.79 | 26.47 | 0.48 | 2.77 |
| 12 | 8 | 33.20 | 20.86 | 3344.43 | 3479.5 | −135.11 | −0.27 | −1.89 | 24.58 | 0.45 | 2.80 |
| 13 | 9 | 33.10 | 21.26 | 3335.93 | 3546.3 | −210.32 | −0.42 | −2.94 | 21.63 | 0.39 | 2.86 |
| 14 | 10 | 32.66 | 21.47 | 3298.50 | 3580.5 | −282.04 | −0.56 | −3.95 | 17.68 | 0.32 | 2.93 |
| 15 | 11 | 32.22 | 21.61 | 3261.07 | 3603.7 | −342.65 | −0.69 | −4.80 | 12.89 | 0.23 | 3.02 |
| 16 | 12 | 31.78 | 21.69 | 3223.63 | 3617.8 | −394.15 | −0.79 | −5.52 | 7.37 | 0.13 | 3.12 |
| 17 | 13 | 31.34 | 21.73 | 3186.20 | 3624.4 | −438.19 | −0.88 | −6.13 | 1.23 | 0.02 | 3.23 |
| 18 | 14 | 30.90 | 21.73 | 3148.77 | 3624.9 | −476.10 | −0.95 | −6.67 | −5.43 | −0.10 | 3.35 |
| 19 | 15 | 30.46 | 21.70 | 3111.33 | 3620.3 | −509.00 | −1.02 | −7.13 | −12.56 | −0.23 | 3.48 |
| 20 | 16 | 30.02 | 21.65 | 3073.90 | 3611.7 | −537.78 | −1.08 | −7.53 | −20.09 | −0.37 | 3.62 |

应用新日粮后产奶量提高幅度较大,证明原日粮营养浓度偏低,应在饲喂新日粮一段时间后,根据新的 DHI 资料的产奶量,对日粮进行再调整,产奶量提高幅度仍较大的牛群,应对日粮营养浓度进行再次诊断和估算,直至营养浓度与产奶营养需要符合为止。

# 二、利用乳尿素氮浓度估算氮排放

## (一)利用乳尿素氮浓度预测氮排放量的研究

据 2010 年《第一次全国污染源普查公报》,我国主要水污染物有四成来自农业污染源。其中,畜禽养殖业污染问题尤为突出,其

## 二、利用乳尿素氮浓度估算氮排放

化学需氧量、总氮和总磷排放分别占农业源的 96%、38% 和 56%。

减少动物粪尿中氮的排放,提高氮的利用效率,对于提高奶牛健康、降低饲料成本,保护环境都有重要意义。减少奶牛粪尿中氮的排放最直接的试验方法是采集粪尿,进行消化代谢试验。同其他动物相比,奶牛粪尿的收集难度更大,集尿要使用集尿袋或做尿插管,费时、费力、应激大。很多学者试图用其他易测指标估测氮的排放量,S. A. Burgos 报道,用 12 头经产荷斯坦奶牛,按泌乳日龄随机分为 3 组,试验采用裂区拉丁方平衡试验设计。泌乳阶段为主效应,日粮蛋白质水平(15%、17%、9%、21%,干物质基础)为次效应。试验的第一天至第六天为适应期,第七天为粪尿和生鲜乳采样期。每头牛的粪样和尿样按比例混合制成糊糊状,测定氨的排放量。结果显示,日粮粗蛋白质水平从 15% 提高到 21% 时,尿液从 25.3 升/天提高到 37.1 升/天,粪尿混合样品量随之提高22%;粪尿混合样中尿素氮浓度(153.5~465.2 克/100 毫升)、粪尿样中总氨氮浓度(228.2~508.7 克/100 毫升)均随日粮粗蛋白质水平(15%~21%CP)提高而线性提高。每头牛氨的释放量与乳尿素氮之间存在强相关。氨气释放量(克/天·头)=(25.0±6.72)+5.03±0.373)×MUN(毫克/100 毫升),$R^2=0.85$。泌乳阶段之间不存在相关性。认为,乳尿素氮可作为预测奶牛粪尿中氨排放量的指标之一。Zhai,等(2005)的研究报道,排泄物中总氮量(克/天)=15.46×MUN(毫克/100 毫升)+193.4($R^2=0.70$)。

李鹏(2011)利用 34 组国内外报道的荷斯坦乳尿素氮浓度和尿氮排放量的实测数据,对目前提出的一些用乳尿素氮浓度估测尿氮排放量的模型进行了比较,结果表明,Zhai(2005)提出的模型:尿氮(克/天)=10.1×MUN(毫克/100 毫升)+47.3 预测效果较好。认为划分 MUN 浓度范围分别建立模型可能会提高预测准确度。

# （二）乳尿素氮与日粮能氮平衡研究

目前,国内大多数牛场的日粮普遍存在着以下几个方面的问题:粗蛋白质水平偏高,瘤胃可降解蛋白含量高,能量和蛋白质不平衡,导致牛奶尿素氮水平(MUN)偏高。曹志军(2009)根据北京、宁夏和上海三个地区的部分规模牧场,约 6 000 头泌乳奶牛30 756 条 DHI 记录研究,牛奶尿素氮的平均值为 19.44 毫克/100毫升,高于合理的范围。

董银喜(2008)研究证明,目前国内一些大型牛场饲料瘤胃能氮平衡都为负值(<−386 克/天)。能氮处于不平衡状态。

**1. 瘤胃能氮平衡原理** 要实现瘤胃微生物蛋白(MCP)合成量达到最大,需要挥发性脂肪酸(VFA)提供碳架,需要瘤胃发酵有机物释放的能量,需要能量与蛋白质的平衡及保持瘤胃中能量与氮在释放速度上的同步。

瘤胃能氮平衡原理可用以下公式表示:

瘤胃能氮平衡(克)＝用可消化能估测的瘤胃微生物蛋白(MCP)−用瘤胃可降解蛋白质(RDP)估测的 MCP

由于可利用能不易实测,所以具体应用时可用瘤胃可发酵有机物(FOM)、可消化有机物(DOM)或奶牛能量单位(NND)估测。

奶牛的营养研究中,具体公式为:

瘤胃能氮平衡(克)＝NND(个)×40−RDP(克)×降解蛋白质的转化效率

其中 40 指 1 个 NND 可以合成的 MCP 的克数。

当能氮平衡(克)数为 0 时,表明反刍畜日粮能氮供给平衡,此时瘤胃合成 MCP 的效率最高;为负数时表明提供的氮量有多余,未能充分利用,此时应增加能量饲料供应或减少含瘤胃可降解蛋白质高的饲料的用量;当数值大于 0 时,则表明能量有多余,应增加氮的供应,包括增加瘤胃降解蛋白质含量高的饲料、添加非蛋白氮（NPN）等，通常以添加一定量的尿素的方法来实现。

**2. 瘤胃能氮平衡原理在配方中的应用**

（1）瘤胃能氮平衡值　由于饲料中 FOM 和 RDP 含量不同，不同饲料有不同的瘤胃能氮平衡值。表 7-3 列出了一些主要饲料的瘤胃能氮平衡（克/千克）值，可以参考应用。

（2）增加饲料品种，满足日粮配方瘤胃能氮平衡的需要　增加饲料品种，是满足配方需要的途径之一，表 7-3 是利用计算机程序配制的两个日粮配方，日粮 2 选用了更多的饲料品种（增加了菜粕、棉籽、苜蓿），使日粮瘤胃能氮平衡值更趋于合理。

**表 7-3　高产奶牛日粮举例**　（每千克干物质基础中）

| 饲　料 | 能氮平衡（克） | 奶牛能量单位 | 粗蛋白质（克） | 钙（克） | 磷（克） | 粗纤维（克） | 价格（元/千克） | 日粮1组成（%） | 日粮2组成（%） |
|---|---|---|---|---|---|---|---|---|---|
| 玉　米 | 25.98 | 2.80 | 92.30 | 0.92 | 2.41 | 29.89 | 2.24 | 18.78 | 15.00 |
| 麸　皮 | −12.50 | 2.17 | 204.55 | 2.05 | 9.09 | 68.18 | 1.48 | 8.00 | 8.00 |
| 豆　粕 | −151.69 | 2.74 | 498.54 | 3.60 | 5.62 | 64.04 | 3.82 | 5.99 | 1.25 |
| 棉　粕 | −93.86 | 2.50 | 363.75 | 3.41 | 10.23 | 135.23 | 2.73 | 6.00 | 6.00 |
| 菜　粕 | −29.55 | 2.10 | 362.73 | 7.95 | 10.23 | 113.64 | 2.50 | | 3.00 |
| DDGS | −43.96 | 2.58 | 318.68 | 2.20 | 8.13 | 78.02 | 1.87 | 8.00 | 8.00 |
| 脂肪酸钙 | 25 | 8.42 | 0.00 | 80.00 | 0.00 | 0.00 | 7.37 | 2.00 | 1.97 |
| 食　盐 | 0.00 | 0.00 | 0.00 | 0.00 | 0.00 | 0.00 | 0.80 | 0.50 | 0.50 |
| 小苏打 | 0.00 | 0.00 | 0.00 | 0.00 | 0.00 | 0.00 | 1.50 | 0.58 | 0.58 |
| 预　混 | 0.00 | 0.00 | 0.00 | 180.00 | 25.00 | 0.00 | 4.50 | 2.50 | 2.50 |

**续表 7-3**

| 饲料 | 能氮平衡（克） | 奶牛能量单位 | 粗蛋白质（克） | 钙（克） | 磷（克） | 粗纤维（克） | 价格（元/千克） | 日粮1组成（%） | 日粮2组成（%） |
|---|---|---|---|---|---|---|---|---|---|
| 棉　籽 | −5.62 | 2.92 | 247.19 | 1.57 | 7.64 | 258.43 | 4.16 |  | 7.00 |
| 啤酒糟 | −46.10 | 1.87 | 247.57 | 2.50 | 4.98 | 127.34 | 1.24 | 7.00 | 7.00 |
| 干　草 | 19.13 | 1.49 | 72.90 | 3.19 | 2.13 | 361.32 | 1.28 | 5.00 | 5.00 |
| 苜　蓿 | −5.32 | 1.55 | 144.36 | 12.77 | 4.26 | 393.62 | 1.70 |  | 0.40 |
| 玉米全株青贮 | 21.83 | 1.92 | 87.34 | 4.07 | 2.44 | 365.94 | 1.14 | 35.65 | 33.80 |
| 营养含量 |  |  |  |  |  |  |  |  |  |
| 日粮1 | −6.28 | 2.28 | 163.00 | 8.82 | 4.73 | 186.69 | 1.91 | 100.00 | 0.00 |
| 日粮2 | −1.80 | 2.28 | 163.00 | 8.91 | 5.19 | 198.82 | 1.99 | 0.00 | 100.00 |

（3）日粮的瘤胃能氮平衡与饲料成本　日粮瘤胃能氮平衡追求的目标是：瘤胃能氮平衡（克）＝0，它需要瘤胃中能量与蛋白质量的精确平衡，是一种理想境界。由表 7-3 的瘤胃能氮平衡值可以看出，没有一种饲料（无机饲料原料除外）的瘤胃能氮平衡值为 0。要使日粮的瘤胃能氮平衡接近 0，需要各种饲料的合理搭配，由于饲料品种和营养成分含量的限制，过分追求能氮平衡接近零，可能导致日粮成本增加。表 7-3 是一个可用于 305 天产奶量 8（吨）左右的高产奶牛的日粮举例，由于要求营养浓度较高，日粮中精饲料比例也较高，而精饲料中绝大多数为价格相对较低的饼粕类农副产品，其瘤胃能氮平衡值多为负值。日粮 1 和日粮 2 在营养浓度基本一致的情况下，只是瘤胃能氮平衡值提高了 2.48 克，日粮 2 就比日粮 1 每千克绝干日粮成本提高了 0.08 元。

## 二、利用乳尿素氮浓度估算氮排放

高产奶牛日粮中精饲料比例较高,实际配制出的日粮瘤胃能氮平衡值一般均为负值。牛奶尿素氮水平高意味着奶牛生产中存在着蛋白质浪费。美国奶牛营养学家哈金斯博士研究证明,MUN为15毫克/100毫升的一头牛,与MUN为10毫克/100毫升的牛相比,相当于每天损失了0.45千克的豆粕。但鉴于日粮应用农副产品的需要及配方时瘤胃能氮平衡值只能是查表值。实际配制产奶牛日粮时,一方面尽量使瘤胃能氮平衡值达到较理想状态,特别是牛奶脂蛋比和牛奶中尿素氮含量超出正常范围时,一定要通过调整日粮配方,相应调整日粮瘤胃能氮平衡值;另一方面,在牛奶脂蛋比和牛奶中尿素氮含量值反映的状况,不影响正常繁殖及正常消化代谢的情况下,应允许瘤胃能氮平衡值有一个范围。

由于泌乳前期和高产牛日粮要求营养浓度较高,而粗蛋白质含量越高的饲料瘤胃能氮负平衡值状况越严重,在配制日粮时,除充分考虑瘤胃能氮平衡外,还应考虑使用过瘤胃氨基酸及过瘤胃脂肪等饲料。

(4)非蛋白氮的应用　产奶量较低的产奶牛中后期日粮及育成牛日粮,要求粗蛋白质含量较低,一般瘤胃能氮平衡值大于零,此时可考虑适当添加非蛋白氮饲料。

①非蛋白氮饲料品种　目前作为非蛋白氮应用的主要是尿素。尿素的化学分子式为$CO(NH_2)_2$,分子量60.06。又称脲素、脲、碳酰二胺;溶于水、醇、苯,难溶于醚,不溶于三氯甲烷;具弱碱性,与酸反应合成化合物盐;加热下遇酸、碱或在脲酶的作用(室温)下遇水即分解,变成氮和二氧化碳;熔点132℃(分解);无色柱状结晶或白色粉末;含氮量为46%以上,蛋白质当量为2.92(一般取2.8)。尿素用于饲养业主要可分为两个方面,一是用于对秸秆等粗饲料的处理,利用其产生的氨将木质素与纤维素之间的碱不稳定键破坏掉一部分,从而提高消化率及氮的含量;其二是直接用于反刍畜的日粮饲用,增加饲料中的氮素供应。

②尿素的添加量　尿素有效使用量(ESU)的公式为:

$$ESU = \frac{瘤胃能氮平衡(克)}{(2.8 \times UE)}$$

式中,2.8为尿素的蛋白质当量,UE为尿素转化为MCP的效率(取0.65)。

若瘤胃能氮平衡值为100克,则尿素的添加量应为55克。注意,日粮蛋白质水平低于9%~12%,以干物质计算,可添加尿素,且尿素在日粮中不大于2%。

另外,混合混匀;日粮中不用含脲酶的饲料,如生大豆饼等。

# 第八章　DHI 测定工作的组织

## 一、组织实施的基本步骤

### (一)DHI 的组织形式

DHI 工作是由奶业主管部门组织领导,中国奶业协会全力参与,具体操作可直接在奶牛场(养殖小区、奶牛合作社)和测试中心之间进行,奶牛场可自愿参加,双方经充分协商达成协议后即可执行。由测试中心派专职采样员到各奶牛场取样,原则上每月 1 次收集奶样、奶量、基础资料,将资料与奶样一起送至测试中心;具备条件的奶牛场可指派 1 名技术人员,经过培训负责本场的采样及收集相关资料,送至测试中心。测试中心对奶样进行分析和数据处理,出具 DHI 报告,反馈至奶牛场,指导生产。

### (二)DHI 实施的基本步骤

生产性能测定主要包括奶样和基本信息采集、实验室分析、数据处理和信息反馈四大部分。具体流程见图 8-1。

**1. 基本信息采集**　参加生产性能测定的奶牛场需将填有奶牛基本信息的送样登记表(表 8-1,表 8-2)填写完整,随牛奶样品一起送达测定中心。

# 第八章 DHI 测定工作的组织

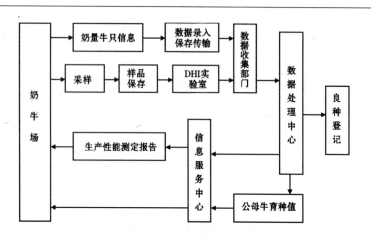

图 8-1 奶牛生产性能测定流程图

表 8-1 奶牛场送样登记表

测定场编号：　　　　　牛场名称：　　　　　　　　采样日期：

| 序号 | 标准耳号 | 场内管理号 | 日产奶量(千克) | 本次产犊日期 | 胎次 | 干奶日期 | 淘汰日期 | 流产日期 | 父亲号 | 母亲号 | 外祖父号 | 外祖母号 | 出生日期 | 犊牛号 | 犊牛性别 | 初生重(千克) | 是否留养 |
|---|---|---|---|---|---|---|---|---|---|---|---|---|---|---|---|---|---|
| 1 |  |  |  |  |  |  |  |  |  |  |  |  |  |  |  |  |  |
| 2 |  |  |  |  |  |  |  |  |  |  |  |  |  |  |  |  |  |  |
| 3 |  |  |  |  |  |  |  |  |  |  |  |  |  |  |  |  |  |  |
| ... |  |  |  |  |  |  |  |  |  |  |  |  |  |  |  |  |  |  |
|  |  |  |  |  |  |  |  |  |  |  |  |  |  |  |  |  |  |  |
|  |  |  |  |  |  |  |  |  |  |  |  |  |  |  |  |  |  |  |

一、组织实施的基本步骤

### 表8-2 奶牛养殖小区送样登记表

测定场编号：　　　　牛场名称：　　　　　采样日期：

| 圈舍号 | 序号 | 标准耳号 | 场内管理号 | 日产奶量（千克） | 本次产犊日期 | 胎次 | 干奶日期 | 淘汰日期 | 流产日期 | 父亲号 | 母亲号 | 外祖父号 | 外祖母号 | 出生日期 | 犊牛号 | 犊牛性别 | 初生重（千克） | 是否留养 |
|---|---|---|---|---|---|---|---|---|---|---|---|---|---|---|---|---|---|---|
| 赵某某 | 1 | | | | | | | | | | | | | | | | | |
| | 2 | | | | | | | | | | | | | | | | | |
| | 3 | | | | | | | | | | | | | | | | | |
| | … | | | | | | | | | | | | | | | | | |
| 李某某 | 1 | | | | | | | | | | | | | | | | | |
| | 2 | | | | | | | | | | | | | | | | | |
| | 3 | | | | | | | | | | | | | | | | | |
| | … | | | | | | | | | | | | | | | | | |
| … | 1 | | | | | | | | | | | | | | | | | |
| | 2 | | | | | | | | | | | | | | | | | |
| | 3 | | | | | | | | | | | | | | | | | |
| | … | | | | | | | | | | | | | | | | | |

　　每月的送样登记表都是该牛场牛群的最新基本情况，一份完整、准确的送样登记表能保证 DHI 报告的快速和准确，DHI 报告才能真正成为奶牛场有效的指导工具。填写送样登记表需注意以下几个方面：

　　①产犊日期和出生日期必须有。

②有产犊日期的,测定日产奶量必须有数据,有特殊情况请在备注中注明。

③有干奶日期或淘汰日期的测定日产奶量不能填写数据。干奶日期一定要在分娩日期以后,取样日期以前的这一段时期。如分娩日期为 2005 年 1 月 1 日,测定日期为 2005 年 12 月 1 日,则这头牛的干奶日期应是 2005 年 1 月 1 日至 2005 年 12 月 1 日之间。

④如果是测定过程中干奶的牛,在干奶日期上填写日期,原有的产犊日期要保留,等到产犊后,将填入新的产犊日期,同时胎次加 1,再去掉干奶日期。

⑤各场的内部牛只编号要保证没有重号,没有字母和汉字。

⑥填写流产日期要注意,妊娠超过 180 天的牛算是一胎牛,要在产犊日期栏也填入流产日期,同时流产日期不要去掉,胎次加 1。妊娠没有超过 180 天的牛,直接在流产日期上填写,原有的产犊日期不要动,胎次也不改。

⑦为防止混乱,送样登记表最好按照牛号大小顺序排列,同时应保持登记表牛号顺序与样品箱中样品号顺序一致。

**2. 实验室分析**

(1)主要仪器设备　实验室应配备乳成分分析仪、体细胞计数仪、恒温水浴锅、保鲜柜、样品架等仪器设备。

(2)测定原理　实验室依据红外原理做乳成分分析(包括乳脂率、乳蛋白率等),测试过程是自动的,测试结果在屏幕上显示,可与计算机和打印机连接;体细胞数是将奶样细胞核染色后,通过电子自动计数器测定得到的结果,也可与计算机和打印机连接。

(3)测定内容　主要测定日产奶量、乳脂率、乳蛋白率、乳糖率、全乳固体、体细胞数(SCC)、尿素氮。

生产性能测定实验室在接收样品时,应检查送样登记表和各类资料表格是否齐全、样品有无损坏、送样登记表编号与样品箱

(筐)是否一致。如有关资料不全、样品腐坏、打翻现象超过 10％的,生产性能测定实验室将通知重新采样。

**3. 数据处理** 数据处理中心,根据奶样测定的结果及牛场提供的相关信息,制作奶牛生产性能测定报告,并及时将报告反馈给奶牛场、养殖小区或奶牛合作社。从采样到测定报告的反馈,整个过程需 3～7 天。

根据不同牛场的要求,生产性能测定数据分析中心可提供不同类型的报告,如牛群生产性能测定月报告、牛群产奶量分组报告、牛群管理报告、牛群分布报告、体细胞分组报告、体细胞跟踪报告、体细胞趋势分析报告、泌乳曲线报告、综合损失报告、干奶报告等。DHI 报告表格分类详见第五章第一节,DHI 报告的分析详见第四章。

**4. 信息反馈** 信息反馈主要包括分析报告、问题诊断和技术指导等方面,详见第二章第四节。

# 二、奶牛品种登记实施方法

奶牛品种登记,是由专门机构或牛场依据系谱资料,将符合品种标准的奶牛登记在专门的登记簿中或特定的计算机数据管理系统中。品种登记是奶牛品种改良的一项基础性工作,其目的是要保证奶牛品种的一致性和稳定性,促使生产管理者饲养优良奶牛品种的同时,完善和保存基本育种资料和生产性能记录,以作为育种和品种遗传改良工作的依据。

## (一)中国荷斯坦母牛品种登记实施方法

**1. 登记条件** 根据系谱,凡符合以下条件之一者即可申请登记:双亲为登记牛的奶牛;本身已含荷斯坦牛血液 87.5％以上的奶牛;在国外已是登记牛的奶牛。

**2. 登记办法**　在农业部畜牧业司和全国畜牧总站指导下,由中国奶业协会承担中国荷斯坦奶牛品种登记工作。

犊牛出生后3个月以上即可申请登记。

牛只登记是终生累积进行的过程,登记牛还要对其以后新产生的生产性能记录不断地进行补充记录。

登记工作可使用“中国荷斯坦母牛品种登记表”(附表7)和“中国荷斯坦奶牛品种登记系统”进行。

各省(市、自治区)将登记牛只资料收集整理后,定期通过网络传送到中国奶业协会中国奶牛数据处理中心。

每年年底中国奶业协会向全国畜牧总站报送登记牛的资料和统计信息,经审核后由农业部畜牧业司公布。

登记牛转移时需通过当地奶业(奶牛)协会办理转移手续,并变更其记录。

**3. 登记要求**　登记内容按照附表7所列内容进行,要求将表格内容尽量填写全面、完整,每头登记牛必须要有父亲、母亲、出生日期、品种纯度的信息。

有条件的单位最好提供每头登记牛的头部照片及左、右侧照片,以备牛号与牛只不符时对照查询。

登记表的填写应由专人负责、手写字迹清楚,不能随意涂改,最好使用钢笔或签字笔,防止脱色。

# (二)中国荷斯坦种公牛登记办法

**1. 登记条件**　全国各省、自治区、直辖市内各大种公牛站自1991年1月1日以后出生的种公牛(包括在群和离群)。登记要求符合下列条件:经过科学系统选配的;经过后裔测定验证的;在国外已经被验证是优秀种公牛的。

**2. 登记办法及内容**　由各省、自治区、直辖市的种公牛站上报全国畜牧总站,抄报中国奶业协会奶牛数据处理中心。

　　登记内容包括：个体编号（如果不符合中国荷斯坦奶牛编号规则的公牛同时上报原个体号）、所属场、品种、出生场、出生日期、胎次、三代完整系谱及其生产性能（乳蛋白率、乳脂率和 305 天估计产奶量的育种值）、外貌评分、是否在群以及头部、左侧、右侧照片各 1 张。进口公牛或胚胎提供原始登记品种证书和系谱。

# 三、奶牛登记牛只编号规则

## （一）中国荷斯坦奶牛编号办法

　　牛只编号全部由数字或数字与拼音字母混合组成。通过牛号可直接得到牛只所属地区、出生场和出生年代等基本信息。牛只编号具有唯一性，并且使用年限长，保证 100 年内在全国范围内不会出现重号，以保证信息的准确性。

　　**1. 编号规则**　国内牛只编号由 12 个字符组成，分为 4 个部分，即"2 位省（自治区、直辖市）代码＋4 位牛场号＋2 位出生年度号＋4 位牛只号"，如下图所示：

①　　　　　②　　　③　　　　④

　　①省（区、市）代码：由 2 位数组成。统一按照国家行政区划编码确定，第一位是国家行政区划号，第二位是区划内编号。例如，北京市属"华北"，编码是"1"，"北京市"是"1"。因此，北京编号为"11"。各省（区、市）代码见表 8-3。

### 表 8-3　全国省(区、市)编码

| 省(区、市) | 代码 | 省(区、市) | 代码 | 省(区、市) | 代码 | 省(区、市) | 代码 |
|---|---|---|---|---|---|---|---|
| 北　京 | 11 | 上　海 | 31 | 湖　北 | 42 | 西　藏 | 54 |
| 天　津 | 12 | 江　苏 | 32 | 湖　南 | 43 | 重　庆 | 55 |
| 河　北 | 13 | 浙　江 | 33 | 广　东 | 44 | 陕　西 | 61 |
| 山　西 | 14 | 安　徽 | 34 | 广　西 | 45 | 甘　肃 | 62 |
| 内蒙古 | 15 | 福　建 | 35 | 海　南 | 46 | 青　海 | 63 |
| 辽　宁 | 21 | 江　西 | 36 | 四　川 | 51 | 宁　夏 | 64 |
| 吉　林 | 22 | 山　东 | 37 | 贵　州 | 52 | 新　疆 | 65 |
| 黑龙江 | 23 | 河　南 | 41 | 云　南 | 53 | 台　湾 | 71 |

②牛场编号:由 4 位数组成。第一位用英文字母代表并顺序编写,如 A,B,C,D,E,F,G……Z,后 3 位代表牛场顺序号,用阿拉伯数字表示,即 1,2,3,4,5,6……例如,A001……A999 后,应编写 B001……B999 后,应编写 C001……C999,依次类推。本编号由各省(区、市)畜牧主管部门统一编制,编号应报送农业部备案,并抄送中国奶业协会数据处理中心。

③牛只出生年度编号:由 2 位数组成。统一采用年度的后 2 位数。例如,2007 年出生即为"07"。

④场内年内牛只出生顺序号:由 4 位数组成。用阿拉伯数字表示,即 1,2,3,4,5,6……不足 4 位数的用 0 补齐,可以满足单个牛场每年内出生 9999 头牛的需要,顺序号由牛场(小区或合作社)自行编订。

**2. 编号应用**　此编号标准应用于荷斯坦奶牛母牛的登记。

12 位牛只登记号只出现在牛只档案或谱系上,牛号应写在牛只的塑料耳牌上,耳牌佩戴在左耳上。

在登记时,对现有在群牛只如与登记规则不符的,必须使用本规则重新进行编号,出生日期不详的牛只,则不予登记。

牛只编号规则考虑到牛场内部的管理和使用方便,可采用编号的后6位作为牛场内管理使用号。

举例:河北省某奶牛场,1头荷斯坦母牛出生于2010年,出生顺序为第56个,其编号办法如下:河北省编号为13,该牛场在河北的编号A008,该牛出生年度编号为10,出生顺序号为0056。因此,该母牛国家统一编号为13A008100056。牛场内部管理号为100056。

# (二)荷斯坦种公牛编号办法

**1. 编号规则**　牛只编号由8位阿拉伯数码,分3部分组成,"3位牛站编号+2位出生年度号+3位牛只顺序号",如下图所示:

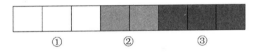

①牛站编号:由3位数组成,由全国畜牧总站统一颁发。

②出生年度号:由2位数组成。牛只出生年度的后两位数,例如2002年出生即写成"02"。

③年内进站公牛编号:由3位数组成,不足3位数以0补位,由公牛站自行制定。

**2. 编号应用**　此编号规则主要应用于荷斯坦种公牛。

8位牛只登记号只出现在牛只档案或系谱上,牛号应写在牛只的塑料耳牌上,耳牌佩戴在左耳上。

对现有的在群牛只,在进行登记时,如现有牛号与以上规则不符,必须使用此规则重新编号。同时如果出生日期不详,系谱资料不齐全者一律不予登记。

举例:北京奶牛中心,有1头荷斯坦种公牛出生于2002年,在公牛站进站顺序是第116个,其编号应按如下办法:北京奶牛中心编号为111,该公牛出生于2002年为02,站内编号为116,即该公牛编号为11102116。

# 附　录

## 附　录

### 附表 1　后裔测定公牛配种记录统计表

| 公牛号 | 与配母牛 | 牛场编号 | 配种日期 | 配种员 | 冻精支数 | 鉴定妊娠日期 |
|---|---|---|---|---|---|---|
|  |  |  |  |  |  |  |
|  |  |  |  |  |  |  |
|  |  |  |  |  |  |  |
|  |  |  |  |  |  |  |
|  |  |  |  |  |  |  |

### 附表 2　后裔测定公牛女儿出生记录统计表

| 母牛号 | 牛场编号 | 出生日期 | 父号 | 母号 | 外祖父号 | 产犊难易 | 出生重（千克） | 备注 |
|---|---|---|---|---|---|---|---|---|
|  |  |  |  |  |  | （　）难产<br>（　）顺产<br>（　）剖宫产 |  |  |
|  |  |  |  |  |  | （　）难产<br>（　）顺产<br>（　）剖宫产 |  |  |

# 附　录

### 附表 3　后裔测定公牛女儿配种记录统计表

| 牛　号 | 与配公牛 | 牛场编号 | 配种日期 | 配种员 | 冻精支数 | 鉴定妊娠日期 |
|---|---|---|---|---|---|---|
| | | | | | | |
| | | | | | | |
| | | | | | | |
| | | | | | | |

### 附表 4　后裔测定公牛女儿产犊记录统计表

| 母牛号 | 牛场编号 | 出生日期 | 父号 | 母号 | 外祖父号 | 产犊难易 | 出生重（千克） | 备注 |
|---|---|---|---|---|---|---|---|---|
| | | | | | | （　）难产<br>（　）顺产<br>（　）剖宫产 | | |
| | | | | | | （　）难产<br>（　）顺产<br>（　）剖宫产 | | |

### 附表 5　生产性能测定记录统计表

| 牛号 | 胎次 | 分娩日期 | 测试日期 | 测试日产奶量（千克） | 测试日乳脂率（%） | 测试日乳蛋白率（%） | 测试日体细胞数（万个/毫升） | 干奶日期 |
|---|---|---|---|---|---|---|---|---|
| | | | | | | | | |
| | | | | | | | | |
| | | | | | | | | |
| | | | | | | | | |

### 附表6　后裔测定公牛女儿体型线性评定表

| 牛　号 | 父　号 | 母　号 | 外祖父号 | 出生日期 |
|---|---|---|---|---|
|  |  |  |  |  |

| 胎　次 | 牛场编号 | 总　分 | 鉴定日 | 鉴定员 |
|---|---|---|---|---|
|  |  |  |  |  |

| 结构容量<br>(18%) | 体　高 | 前　段 | 大　小 | 胸　宽 | 体　深 | 腰强度 |
|---|---|---|---|---|---|---|
|  |  |  |  |  |  |  |

| 尻部<br>(10%) | 尻角度 | | 尻　宽 | |
|---|---|---|---|---|
|  |  |  |  |  |

| 肢蹄<br>(20%) | 蹄角度 | 蹄踵深度 | 骨质地 | 后肢侧视 | 后肢后视 |
|---|---|---|---|---|---|
|  |  |  |  |  |  |

| 泌乳系统<br>(40%) | 乳房深度 | | 乳房质地 | | 悬韧带 | |
|---|---|---|---|---|---|---|
|  |  |  |  |  |  |  |
|  | 前乳房附着 | | 前乳头位置 | | 前乳头长度 | |
|  |  |  |  |  |  |  |
|  | 后附着高度 | | 后附着宽度 | | 后乳头位置 | |
|  |  |  |  |  |  |  |

| 乳用特征<br>(12%) | 乳用特征缺乏(棱角性) |
|---|---|
|  |  |

注:所有性状采用9分制打分

# 附表7　中国荷斯坦母牛品种登记表

省(市、区)名称：＿＿＿＿＿＿　省(市、区)代码：＿＿＿＿＿＿　牛场名称：＿＿＿＿＿＿　牛场代码：＿＿＿＿＿＿

登记日期：＿＿＿＿＿＿　登记人：＿＿＿＿＿＿

| 牛号 | 父号 | 母号 | 外祖父 | 出生日期 | 出生场 | 初生重(千克) | 毛色ª | 品种纯度ᵇ | 登记时胎次 | 是否胚胎移植 | 受体牛号 | 体型总分 |
|------|------|------|--------|----------|--------|--------------|-------|-----------|------------|--------------|----------|----------|
| | | | | | | | | | | | | |

| 胎次 | 初配日期 | 配妊日期 | 配妊次数 | 与配公牛 | 流产日期 | 产犊日期 | 产犊难易ᶜ | 干奶日期 | 305天产奶量 | 305天乳脂率 | 305天乳蛋白率 | 全期产奶量 | 是否为DHI |
|------|----------|----------|----------|----------|----------|----------|-----------|----------|--------------|--------------|----------------|------------|-----------|
| 1 | | | | | | | | | | | | | |
| 2 | | | | | | | | | | | | | |
| 3 | | | | | | | | | | | | | |
| 4 | | | | | | | | | | | | | |
| 5 | | | | | | | | | | | | | |

a. 毛色:1—黑白花,2—全黑,3—全白,4—红白花;b. 品种纯度:1—100%,2—93.75%,3—87.5%;c. 产犊难易:1—顺产,2—助产,3—难产,4—剖宫产

# 附件 DHI 服务协议

甲方：_____ DHI 中心　　　负责人：×××

地址：_____　　　　　　　电　话：_____　传真：_____

乙方：_____　　　　　　　负责人：×××　手机：_____

地址：_____　　　　　　　电　话：_____　传真：_____

　　DHI(奶牛生产性能测定)服务体系是奶牛场管理的一个有效工具,是建立高产、优质、健康奶牛群的基础。本着公平公正、平等互利的原则,为确保 DHI 数据的准确性,经双方协商为乙方奶牛进行 DHI(奶牛生产性能测定)服务事宜,签订本协议。

一、服务期限

　　自_____年___月___日起至_____年___月___日止。本协议如双方无异议,可向下顺延壹年。

二、费用

　　甲方负责将采样瓶准时发送给乙方,乙方负责将奶样给甲方准时运回。

　　乙方需向甲方购买采样瓶和支付测定费,采样瓶价格为___元/个,共需___个,合计___元;测定费为___元/头·月,每头牛连续测定 10 个泌乳月,乙方泌乳牛数量为___头,每年共需向甲方支付测定费___元,_____年合计___元;总计采样瓶和测定费共支付___元(大写：_____)。

　　甲方账号：××××××××;开户名称：×××××××××;开户行：×××××××××。

三、甲方权利和义务

1. 负责对乙方进行采样培训,提前通知乙方采样日期。

2. 将测试结果以书面形式邮寄或电子邮件形式及时发送给

乙方。定期回访,提供改进意见。

3. 指导 DHI 报告应用,根据乙方需要提供不同类别的报告,并对乙方数据保密。

4. 定期对乙方牧场牛只提供外貌鉴定服务和选种选配指导。

5. 负责在 DHI 测定单位中评选出"××省(区、市)优秀奶牛场"并颁发奖牌,上报中国奶业协会和所在省(区、市)畜牧兽医局,对其中特别优秀的单位,可吸收为"中国荷斯坦青年公牛联合后裔测定牛场";并对违反协议或不履行义务的测试单位将给予收回所颁发奖牌,并停止将测试数据上报中国奶业协会。

6. 负责将参加 DHI 测定的奶牛进行综合排名,根据 CPI 值的不同,享受不同的公牛冻精补贴。对其中特别优秀的个体,提供世界排名前 50 名的进口种公牛精液配种。

四、乙方权利和义务

1. 挑选合格人员负责采样,并固定采样员,同时做好采样员的管理工作,确保采样的准确性。

2. 提供准确的牛群资料(牛号、系谱、分娩日期、干奶日期、胎次、淘汰记录等)。

3. 负责样品的采集和保管。

4. 使用甲方提供的采样瓶,必须妥善使用和保管,如损坏,必须将损坏瓶交回甲方,方可补充新瓶。

5. 必须承担甲方的种公牛后裔测定任务,免费使用甲方提供的后测公牛冻精,必须按时将冻精配种等测定数据及时上报甲方。

6. 乙方每留养一头甲方提供的后测公牛的女儿,甲方给予乙方伍拾元(RMB)的补贴。

7. 乙方需在签订本协议十日内,向甲方购买采样瓶并一次性支付连续"＿＿＿＿"年的测定费,汇款后将凭证传真给甲方。

五、本协议一式两份,双方各执一份。未尽事宜,由甲方负责解释。

甲方(盖章)：　　　　　　乙方(盖章)：

甲方代表人：　　　　　　乙方代表人：

签约日期：_____年_____月_____日

# 参 考 文 献

[1] 李胜利,张胜利,刘建新,等.2011年度奶牛产业技术发展报告[J].中国畜牧杂志,2012(6):38-44.

[2] 奶业要闻.第七期全国奶牛生产性能测定技术培训班在京成功举办[J].中国奶牛,2012(9):2-4.

[3] 杨建文,王建军,焦静波.奶牛DHI测定及其推广应用分析[J].畜牧与饲料科学,2009,30(10):161-162.

[4] 付丰收.2010年上海DHI测定场奶牛体型外貌分析及选种选配[J].中国奶牛,2011(19):6-8.

[5] 王全得,田明堂.DHI分析在奶牛场饲养管理中的应用[J].中国畜牧业,2011(19):55-57.

[6] 赵春平,马云,曾全录,等.利用DHI对两个奶牛场奶牛生产性能的综合分析[J].中国牛业科学,2008,34(5):9-11.

[7] 全国畜牧总站,中国奶业协会.奶牛生产性能测定科普读物[M].北京:中国农业出版社,2007.

[8] 王加启.现代奶牛养殖科学[M].北京:中国农业出版社,2006.

[9] 牟海日,胡立艳.关于进口奶牛问题的建议[J].中国奶牛,2012(1):47-48.

[10] 中华人民共和国农业部.NY/T 34—2004.奶牛饲养标准[S].2004-09-01实施.

[11] 陆东林.奶牛体况评分及其应用[J].新疆畜牧业,2006(5):19-21.

[12] 梁学武.现代奶牛生产[M].北京:中国农业出版

社,2003.

[13] 刘荣昌,李英,孙凤莉,等.不同产奶量、分娩体况、体重、产奶峰值日对奶牛泌乳前期主要营养需要的影响[J].中国奶牛,2012(1):10-13.

[14] 盛文明.奶牛的体况评分与牧场管理[J].长三角奶业,2009(3):24.

[15] 吴俊静,程橙,张淑君,等.奶牛繁殖性能的分析研究[A].中国奶业协会第24次繁殖学术年会暨国家奶牛/肉牛产业技术体系第一届全国牛病防治学术研讨会论文集[C].2009:58-63.

[16] 美国科学研究委员会.Nutrient Requirements of Dairy Cattle,第7次修订版(2001年)[M].孟庆翔.北京:中国农业大学出版社,2002.

[17] 刘荣昌,李英,孙凤莉.不同产奶量奶牛泌乳前期日粮主要营养适宜浓度估算及微机简易程序编制[A].北京畜牧兽医学会,天津畜牧兽医学会,河北畜牧兽医学会.第二届京津冀畜牧兽医科技创新论坛暨第六届新思想、新方法、新观点"首农杯"论坛论文集[C].2010,12:247-252.

[18] S. A. Burgos,张养东.乳尿素氮预测氨排放量的研究[J].中国畜牧兽医,2010(6):199.

[19] 翟少伟.乳尿素氮估测奶牛氮排泄研究进展[J].中国奶牛,2009(1):50-52.

[20] 李鹏.几种利用乳中尿素氮浓度估测尿氮排泄量模型的评价[J].中国奶牛,2011(22):11-13.

[21] 刘荣昌,李英.瘤胃能氮平衡及尿素氮在产奶牛日粮配方的应用[J].今日畜牧兽医奶牛,2011(5):39-42.

[22] 中国奶业协会.中国荷斯坦青年公牛联合后裔测定规程[S].2007,10.

〔23〕 王杏龙,毛永江.DHI 技术体系在奶牛生产中的应用〔J〕.上海畜牧兽医通讯,2011(4):58-60.

〔24〕 倪俊卿,李建明,倪志广.如何加快奶牛品种登记工作发展〔J〕.中国牧业通讯,2009(16):15-16.